WILDE WELTEN

DER URZEIT

NA

Landeshauptstadt
Mainz

Für die zusätzliche Förderung danken wir Herrn Stefan Schmitz, Herrn Peter Krawietz (Kulturdezernent der Stadt Mainz a. D.) und

Rheinische Naturforschende Gesellschaft

Herausgeber: Naturhistorisches Museum Mainz
Autoren: Nicole Fischer, Manuela Aiglstorfer, Bernd Herkner

144 Seiten mit 256 Abbildungen
Titelbildgestaltung
Foto: Carsten Costard | Gestaltung: Hans Jürgen Wiehr, Mainz

Abbildungsnachweis
Carsten Costard: Foto S.100
Stefan Dinges: Foto S. 80, S. 105
Ramon López/Quagga ltd: Fotos S. 136–137
Forschungsinstitut Senckenberg (Dr. Renate Rabenstein): S.117 Röntgenbild
alle anderen Fotos: Naturhistorisches Museum Mainz (Archiv/Bastian Lischewsky)
Aleksandra Petrukhina: Zeichnungen Seiten 8/9, 18, 30/31, 42, 46, 54/55, 59, 68, 76/77, 90, 96/97, 101, 108, 114, 116, 118, 124/125, 138
Anke Enders: Zeichnungen S. 115
alle anderen Zeichnungen: Naturhistorisches Museum Mainz/Linda Söhn

Bibliografische Information der Deutschen Nationalbibliothek
Die Deutsche Nationalbibliothek verzeichnet diese Publikation in der Deutschen Nationalbibliografie; detaillierte bibliografische Daten sind im Internet über http://dnb.d-nb.de abrufbar.

ISBN 978-3-96176-122-7

Lektorat: Tina Sieber
Gestaltung: Alles mit Medien, Anke Enders, Sprendlingen
Druck: Grafisches Centrum Cuno GmbH & Co. KG, Calbe

Printed in Germany by Nünnerich-Asmus Verlag & Media
Weitere Titel aus unserem Verlagsprogramm finden Sie unter:
www.na-verlag.de

WELT IM WANDEL

Veränderungen gehören in unserer modernen Zeit zum Alltag. Technischer Fortschritt und gesellschaftlicher Wandel begleiten uns stetig. Manchmal verlieren wir dabei den Blick für die großen Zusammenhänge und die Welt, in der wir leben.

Genau diesem Thema widmet sich die 2019 eröffnete neue Dauerausstellung im Naturhistorischen Museum der Landeshauptstadt Mainz. Nach mehreren Umbauphasen, in denen das Museumsgebäude hinsichtlich Brandschutz und Barrierefreiheit ertüchtigt wurde, präsentiert sich das Haus baulich wie inhaltlich in neuem Glanz.

Auf einem Rundgang durch die Erdzeitalter in Rheinland-Pfalz zeigt das Museum international herausragende Sammlungsobjekte. Nirgendwo sonst können Besucherinnen und Besucher die paläontologische, geologische und biologische Vergangenheit, Gegenwart und Zukunft des Bundeslandes vergleichbar erleben. Damit erfüllt das Naturhistorische Museum Mainz als größtes rheinland-pfälzisches Naturkundemuseum seinen Bildungsauftrag in herausragender und nachhaltiger Weise.

Wie wichtig Umweltbildung ist, wird in den vergangen Jahren immer deutlicher. Rasante Klimaerwärmung, Artensterben, eine Virus-Pandemie: All diese Themen stellen eine Gesellschaft vor große Herausforderungen. Dabei genügt es nicht, hochspezialisierte Wissenschaftlerinnen und Wissenschaftler zu haben. Wir alle sind gefragt und müssen ein Bewusstsein für die Zusammenhänge in der Natur, den Wert natürlicher Vielfalt und die Bedeutung des Menschen als Teil der Natur schaffen.

Das vorliegende Familienbuch hat genau diese Aufgabe. Es zeigt Höhepunkte aus den Ausstellungbereichen und vermittelt wie wandelbar und spannend unsere Natur ist; und ist damit weit mehr als ein Begleitband zu einer Ausstellung.

Marianne Grosse
Bau- und Kulturdezernentin der Landeshauptstadt Mainz

KOMMT MIT UNS IN URZEITLICHE WELTEN!

Als ich im Juni 2019 als neuer Direktor ans Naturhistorische Museum Mainz kam, war das Konzept für den neuen Ausstellungsbereich zur Erdgeschichte von Rheinland-Pfalz schon lange fertiggestellt und das meiste befand sich bereits in der Umsetzungsphase. Ich wurde oft gefragt, ob das ein Problem für mich gewesen sei. Definitiv nicht! Das Konzept, das mein Vorgänger und sein Team entworfen hatten, überzeugte mich von Anfang an. Vielen ist nicht bewusst, dass Rheinland-Pfalz auf vergleichsweise engem Raum einen ungeheuren Reichtum an Fossilien bietet. Unser Haus, an das auch die Landessammlung für Naturkunde angegliedert ist, beherbergt hunderttausende von Objekten, die der Forschung zur Verfügung stehen. Mehr als 2.000 Originalfossilien sind ausgestellt und vermitteln, gemeinsam mit beeindruckenden Modellen von Urzeittieren, einen lebendigen Eindruck der wechselhaften Geschichte, die sich einst hier abspielte. Dabei verändern sich Landschaften, Tiere und Pflanzen unaufhörlich. Das Meer kommt und geht, mal ist es trocken, mal feucht, mal warm, mal kalt. 400 Millionen Jahre Erdgeschichte an einem Ort! Auch wenn Dinosaurier fehlen, weil das Erdmittelalter in den hiesigen Böden kaum repräsentiert ist, bleibt es ein gewaltiges Abenteuer. Und unter uns, Tiere wie das *Deinotherium*, das Schreckenstier vom Ur-Rhein, oder das gewaltige Wollnashorn können sehr wohl mit Dinos mithalten.

Damit die spannende Reise durch die wilden Welten der Urzeit auch zu Hause erlebt werden kann, haben wir dieses Familienbuch produziert. Da die Inhalte der Ausstellung bereits zuvor erarbeitet wurden, haben indirekt weit mehr als nur die drei Autor*innen an diesem Buch mitgewirkt. Besonders hervorheben möchten wir dabei Dr. Michael Schmitz, Dr. Herbert Lutz und Thomas Engel. Auch allen weiteren Beteiligten aus meinem mir inzwischen ans Herz gewachsenen Team danke ich ganz herzlich. Gedankt sei auch den großzügigen Unterstützern und nicht zuletzt dem Nünnerich-Asmus Verlag für die hervorragende Zusammenarbeit.

Und nun startet unsere Reise durch 400 Millionen Jahre Erdgeschichte!

Dr. Bernd Herkner
Direktor des Naturhistorischen Museums Mainz

Millionen Jahre
541
ERDALTERTUM
Kambrium
485
Ordovizium
444
Silur
419
Devon
359
Karbon
299
Perm
252
ERDMITTELALTER
Trias
201
Jura
145
Kreide
66
ERDNEUZEIT
Paläozän
56
Eozän
34
Oligozän
23
Miozän
5,3
Pliozän
2,6
Pleistozän
0,0117
Holozän
heute

URTÜMLICHES LEBEN

IN TROPISCHER TIEFE

Zeitalter

DEVON

419 MILLIONEN JAHRE – 359 MILLIONEN JAHRE

GEOGRAPHISCHE LAGE &
HAUPTFUNDGEBIETE IN RHEINLAND-PFALZ

KLIMA

Vor 400 Millionen Jahren lag Rheinland-Pfalz südlich des Äquators und war fast vollständig von einem tropischen Meer bedeckt.

Im Meer herrschte vielfältiges Leben. Fremdartige Fische und urtümliche Tintenfische tummelten sich im Wasser. Am Meeresboden siedelten Seelilien und Korallen. Seesterne und Schlangensterne wanderten über den Grund und Trilobiten suchten darin nach Nahrung. Riesige Seeskorpione, die größten Gliederfüßer aller Zeiten, jagten nach Beute.

An Land existierte Leben nur in Form von einfachen Pflanzen und kleinen Gliederfüßern.

Weltweit war das Klima wärmer als heute. Die Pole waren eisfrei, wodurch der hohe Meeresspiegel verursacht wurde.

DER RIESEN-SEESKORPION

JAEKELOPTERUS RHENANIAE

Mit einer Körperlänge bis 2,50 m gilt der Riesen-Seeskorpion als größter Gliederfüßer aller Zeiten! Das zu Schwimmbeinen umgebildete letzte Beinpaar und die großen Facettenaugen lassen vermuten, dass die Tiere schnelle Jäger mit ausgezeichnetem Sehvermögen waren.

KÖRPERLÄNGE
2,5 m

ERNÄHRUNG
räuberisch

FUN FACT
ist kein Skorpion

Die vordersten Beinglieder und kräftigen Kieferklauen (Cheliceren) waren mit Zähnchen und Zangen versehen. Mit ihnen wurde die Beute festgehalten und zerlegt.

Gliederfüßer, wie der Seeskorpion, sind wirbellose Tiere mit einem in Segmente unterteilten Körper und gegliederten Extremitäten mit Gelenken. Ihr Körper enthält kein inneres Skelett, sondern wird durch eine feste Hülle aus Chitin stabilisiert. Um zu wachsen, häuten sie sich.

Zu den Gliederfüßern gehören heute z. B. Insekten, Spinnen und Krebse. Mit unseren heutigen Skorpionen sind Seeskorpione (Eurypterida) jedoch nur entfernt verwandt.

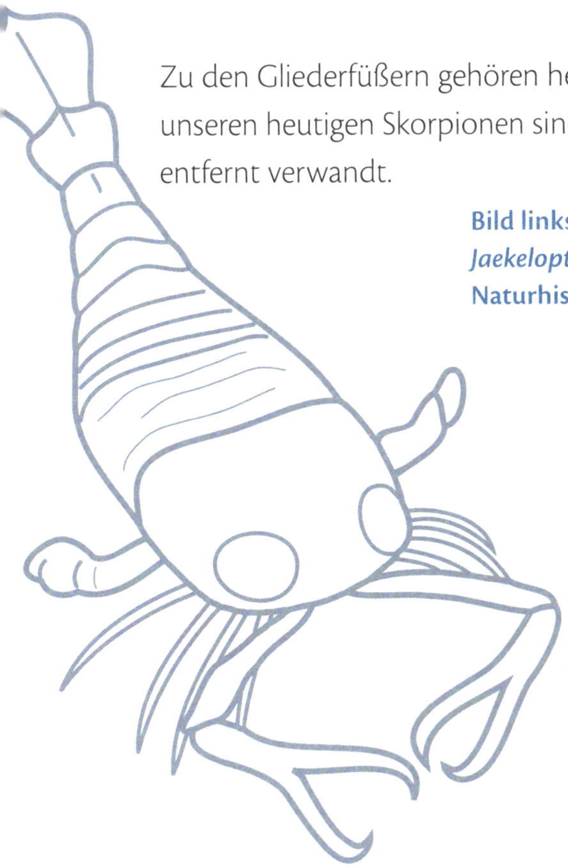

Bild links: Rekonstruktion eines *Jaekelopterus rhenaniae* im Naturhistorischen Museum Mainz.

Jaekelopterus rhenaniae
Kieferklaue

Skurrile Mitbewohner aus der Tiefe

Im Devon-Meer vor 400 Millionen Jahren lebten Verwandte unserer heutigen Korallen, Muscheln, Quallen, Seelilien, Seesterne und Seeigel. Daneben gab es aber auch viele merkwürdige Tiere, die längst ausgestorben sind. Da einige rätselhafte Funde bislang nicht wissenschaftlich bearbeitet sind, erwartet uns sicher noch manche Überraschung.

Seeskorpion
Adelophthalmus sievertsi

Neben dem riesigen *Jaekelopterus* gab es auch kleinere Seeskorpione. *Adelophthalmus sievertsi* wurde nur wenige Zentimeter lang. Auch er war ein Jäger und erbeutete wohl Würmer und andere Kleintiere.

Scheinstern
Mimetaster hexagonalis

Kleine, skurril anmutende Gliederfüßer mit langen, stelzenartigen Laufbeinen. Der Körper verbarg sich unter einem seltsam sternförmigen Rückenpanzer mit stachelförmigen Fortsätzen. Auf dem Rückenpanzer einiger *Mimetaster* wurden kleine, kugelige Kieselschwämme nachgewiesen – sie dienten vermutlich der Tarnung.

Asselspinne
Palaeoisopus problematicus

Vertreter der Asselspinnen bevölkern auch heute noch die Weltmeere. Fossile Funde sind sehr selten. Trotz ihres Namens gehören Asselspinnen nicht zu den Spinnentieren.

Panzerkrebs
Nahecaris stuertzi

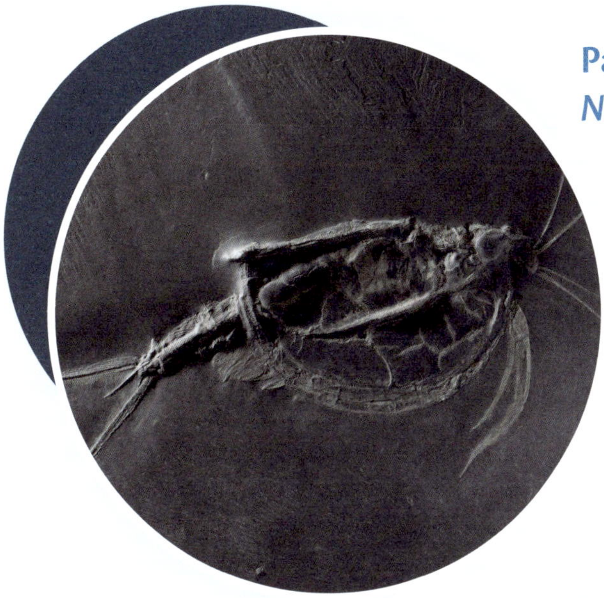

Dieser Panzerkrebs trägt am vorderen Körperabschnitt Laufbeine, hinten befinden sich paddelartige Schwimmbeine.

Schinderhannes bartelsi

Dieses fremdartige Tier war ca. 10 cm lang, besaß große Augen, lappenähnliche Fortsätze zum Schwimmen und zwei Greifer vor einer kreisförmigen Mundöffnung. Als das Fossil 1994 in die Landessammlung für Naturkunde Rheinland-Pfalz aufgenommen wurde, wusste noch niemand, worum es sich genau handelte. Erst 10 Jahre später stellte sich heraus, dass das Tier zur Gruppe der Anomalocariden gehört, von der man bislang dachte, sie sei bereits 100 Millionen Jahre früher ausgestorben. *Schinderhannes bartelsi* war also schon vor 400 Millionen Jahren ein „lebendes Fossil". Bislang gibt es nur einen einzigen Fund.

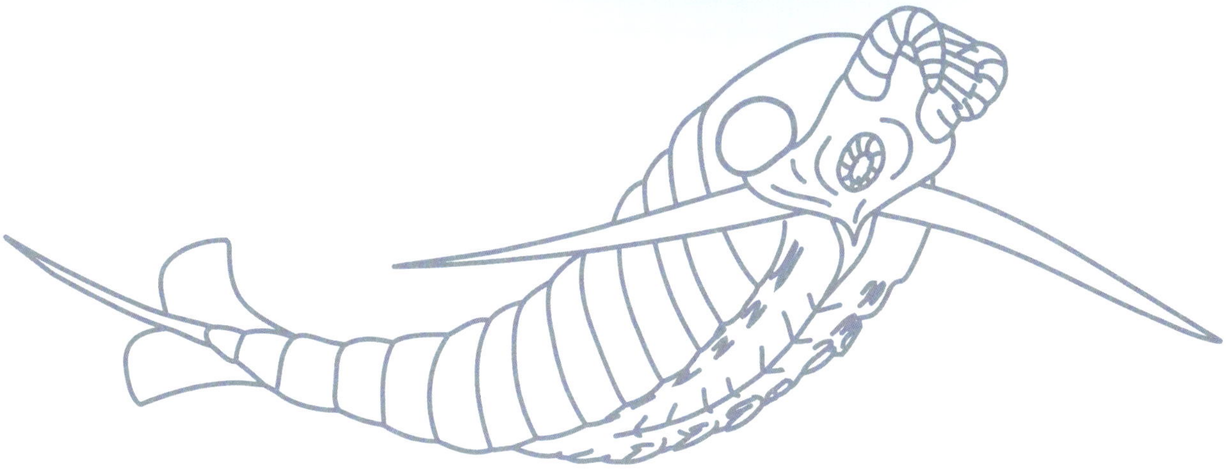

WIE BLIEBEN DIE LEBEWESEN AUS DEM DEVON-MEER BIS HEUTE ERHALTEN?

Die Überreste von Organismen, die vor langer Zeit lebten, nennen wir Fossilien. Ihr Alter reicht von Tausenden bis hin zu vielen Millionen Jahren. Die meisten frühen Lebewesen verschwanden jedoch einfach spurlos.

Damit Lebewesen fossil erhalten bleiben, müssen viele Umstände zusammenkommen. Dies ist nur selten der Fall. Zudem werden meist nur Bruchstücke überliefert oder die Fossilien werden im Laufe der Jahrmillionen wieder zerstört. Fast alle in diesem Kapitel gezeigten Fossilien stammen aus dem Hunsrückschiefer. Der Hunsrückschiefer gilt als Konservatlagerstätte – so nennt man die wenigen Fundorte mit Fossilien in so exzellenter Qualität.

Glücksfälle der Erdgeschichte

Die außerordentlich gute Erhaltung der Fossilien liegt an der Art der Entstehung: Seebeben oder heftige Stürme, die das Wasser bis zum Grund aufwühlten, lösten im Devon-Meer Schlammströme aus. Diese rissen Tiere und Pflanzenreste von der Küste ins tiefere Meer und begruben sie, gemeinsam mit dort lebenden Organismen im Schlamm.

Der feine Schlamm umschloss die Organismen fest, jedoch ohne sie zu zerstören. Durch die schnelle und vollständige Verschüttung entstand ein sauerstofffreies Milieu, das die Zersetzung der organischen Anteile hemmte. Im Laufe der Zeit drückten die Wassermassen und auflagernden Schichten den Meeresboden, mitsamt den darin konservierten Körpern, zusammen. Diese Ablagerungen verwandelten sich über Jahrmillionen in den heutigen Hunsrückschiefer.

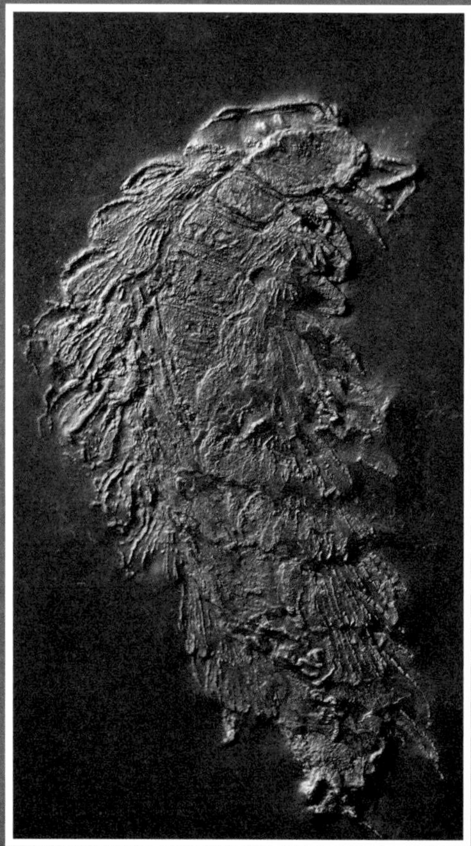

Bundenbachiellus
Devonischer Gliederfüßer

Bild rechts: Die Grube Eschenbach-Bocksberg in Bundenbach

Schicht- und Schieferungsflächen

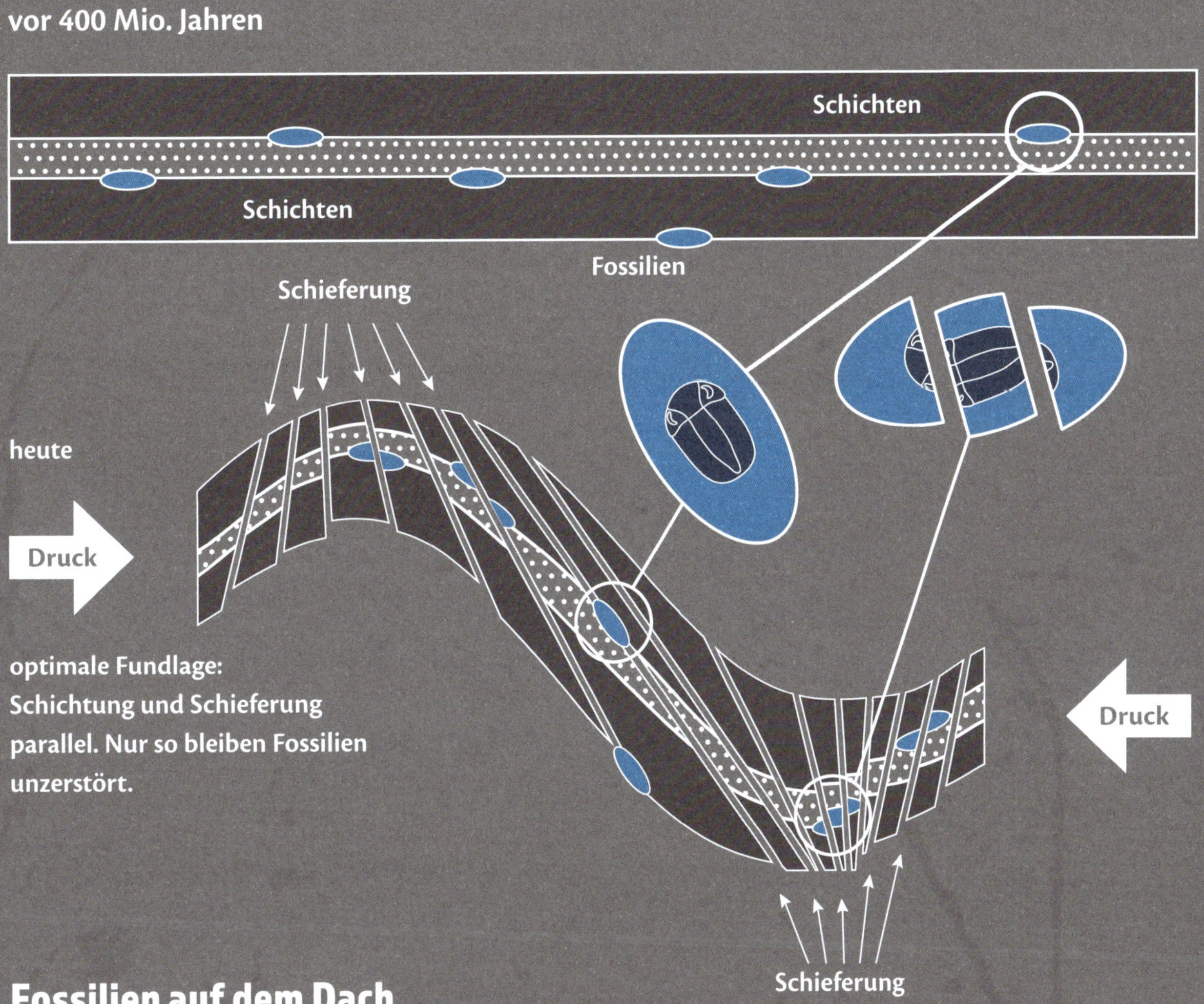

Fossilien auf dem Dach

Hunsrückschiefer ist ein grau-schwarzer Tonschiefer, der seine Spaltbarkeit (Schieferung) durch Stauchung und Faltung des ursprünglichen Tongesteins erhielt. Seit der Römerzeit wird dieser Schiefer als Dachdeckung genutzt (Dachschiefer). Fast alle Hunsrückschiefer-Fossilien wurden beim Abbau von Dachschiefer gefunden. Aus Kostengründen wurde 1999 die letzte Schiefergrube bei Bundenbach, aus der viele einzigartige Fossilien unserer Sammlung stammen, geschlossen. Neue Entdeckungen können momentan nur in „altem" Material gemacht werden, dass noch aus den Zeiten vor der Schließung stammt.

SEELILIEN

CRINOIDEA

Seelilien sind trotz ihres Namens keine Pflanzen!

Es sind wirbellose Tiere, die mit Seesternen und Seeigeln verwandt sind. Die meisten Seelilien können sich nicht fortbewegen. Sie filtern Nahrung (Plankton) mit Hilfe ihrer „Blütenarme" aus dem vorbeiströmenden Meerwasser.

Taxocrinus sp.
Das scharfe Abknicken der Kelche spricht für plötzliche Verschüttung.

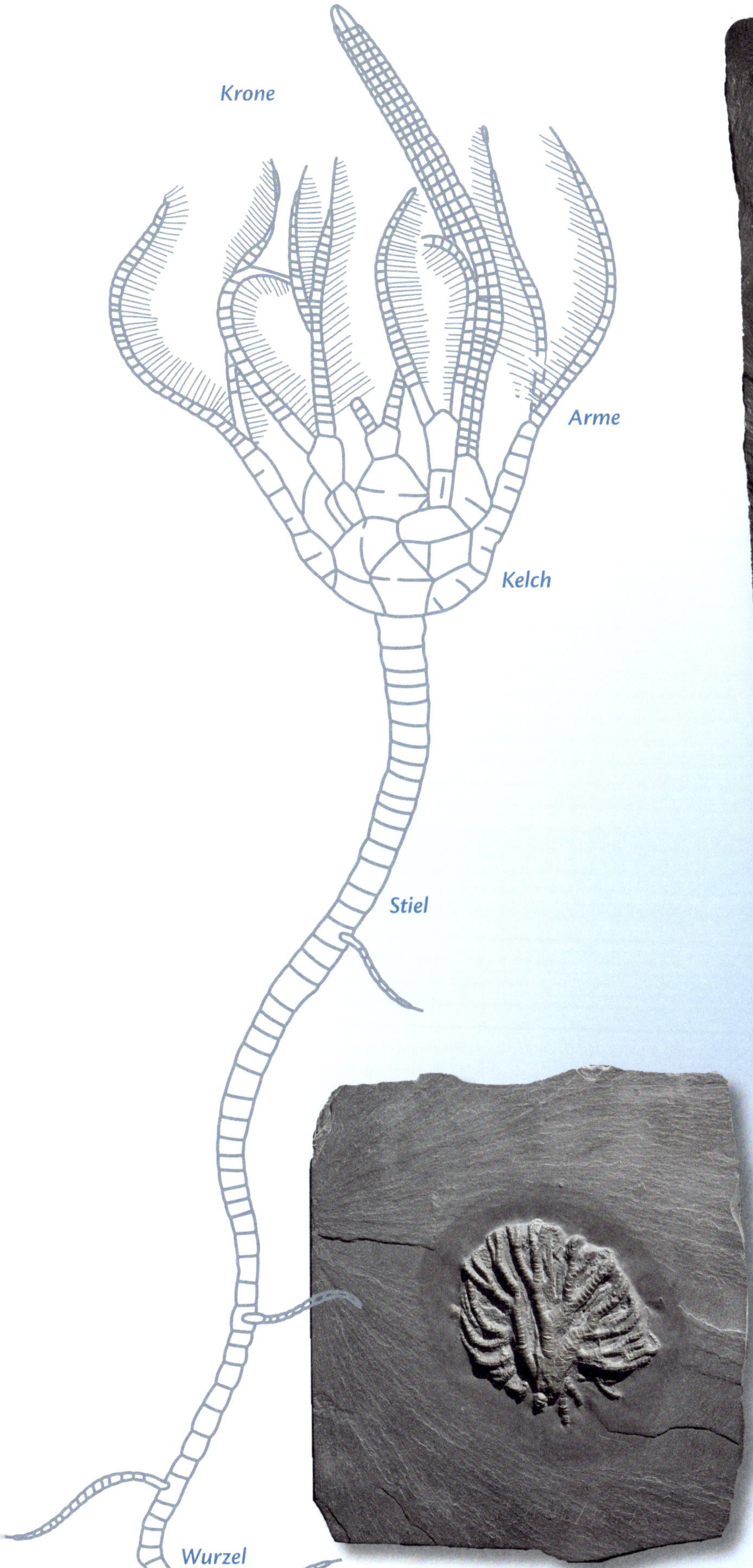

Taxocrinus sp.
isolierte Krone

Gastrocrinus giganteus

SEE- UND SCHLANGENSTERNE

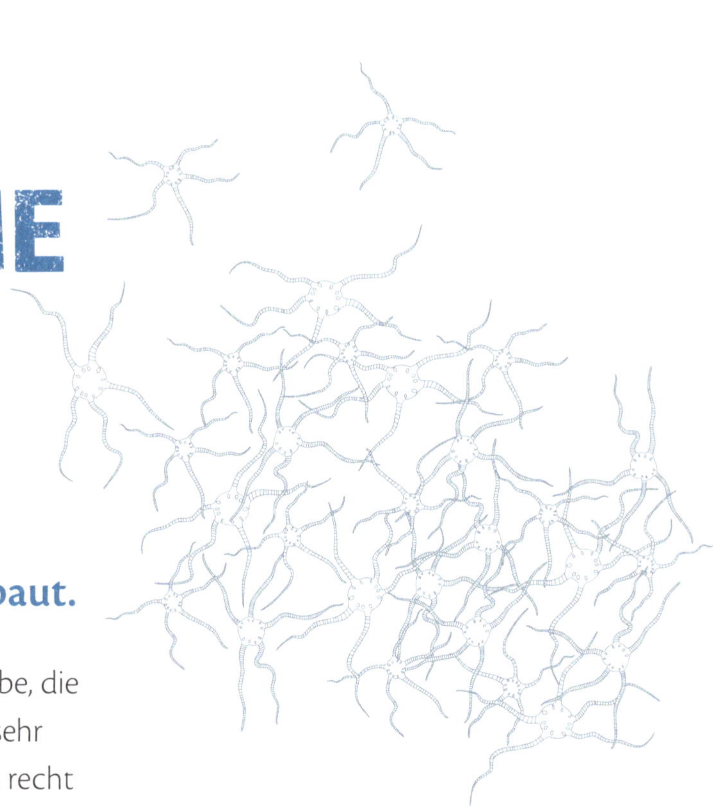

ASTEROIDEA UND OPHIUROIDEA

See- und Schlangensterne sehen sich zwar recht ähnlich, ihr Körper ist aber unterschiedlich aufgebaut.

Schlangensterne besitzen eine von den Armen abgesetzte Körperscheibe, die Seesternen fehlt. Die Arme der Schlangensterne wirken filigraner, sind sehr beweglich und dienen der Fortbewegung. Seesterne hingegen haben recht unbewegliche Arme und kriechen und klettern mit Hilfe von lang ausstreckbaren Saugfüßchen. Die Anzahl der Arme kann variieren. Sowohl See- als auch Schlangensterne wurden besonders arten- und individuenreich überliefert.

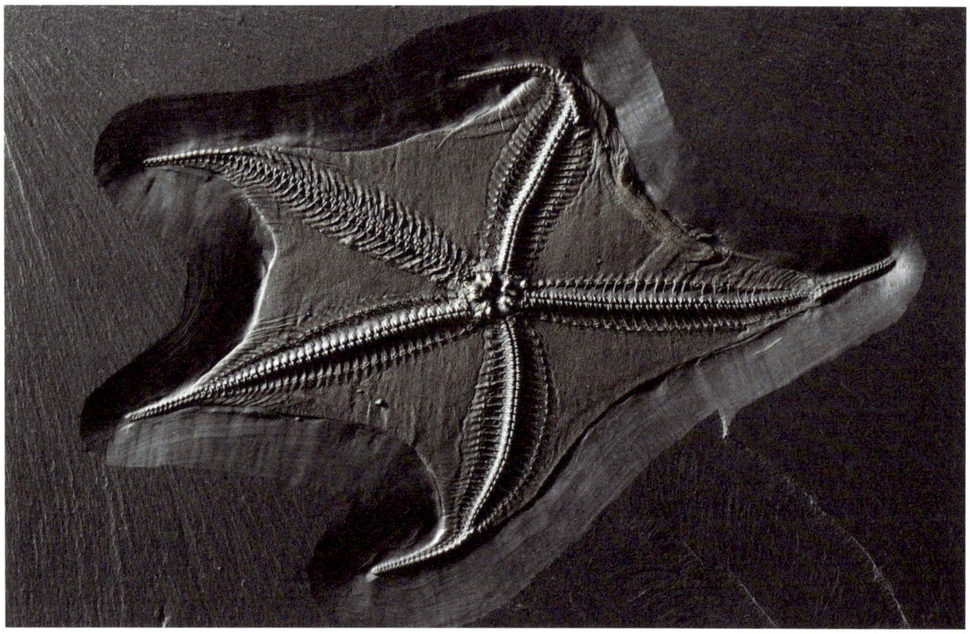

Schlangenstern *Loriolaster mirabilis*
Perfekt erhaltenes Exemplar. Die Art besitzt eine bis in die Armspitzen reichende Haut.

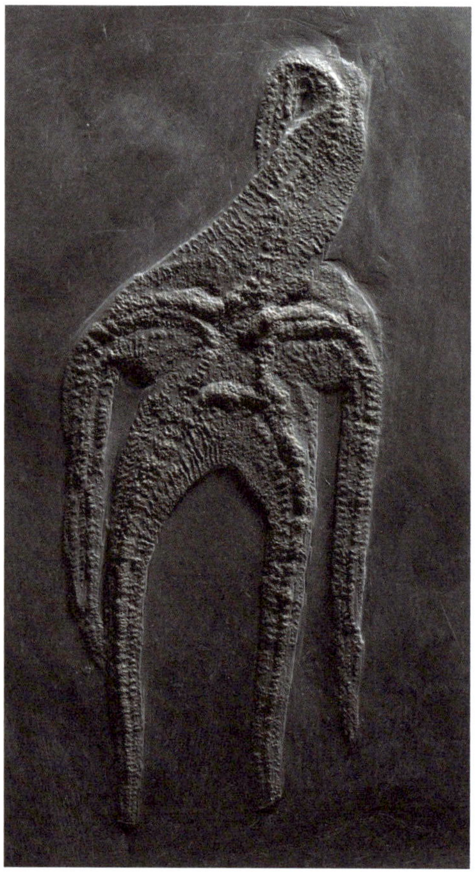

Schlangenstern *Palasteriscus devonicus*

Seestern *Palaeosolaster gregori*

Seestern *Helianthaster rhenanus*
16-armiger Seestern, der auch als „Sonnenstern" bezeichnet wird.

MACH MIT!
Wie viele Seesterne findest du?
Male alle aus!

DER PANZERFISCH

GEMUENDINA STUERTZI

Gemuendina stuertzi ist einer der ältesten bekannten Panzerfische (Placodermi). Der Körper ist mit großen und kleinen Knochenplatten übersät. *Gemuendina* erinnert von der Körperform an einen Rochen und lebte vermutlich am Meeresgrund.

KÖRPERLÄNGE
30 cm

NAHRUNG
Seeigel und Muscheln

FUN FACT
mit dem nach oben gerichteten Maul wurde Beute einfach eingesaugt

Seltene Gäste

Solche urtümlichen Fische sind Seltenheiten unter den Fossilfunden. Die meisten Fische lebten im bewegten, warmen und durchlüfteten Wasser in Küstennähe. Dort zersetzten sich Kadaver rasch und blieben gar nicht oder nur in Fragmenten erhalten. Nur Fische, die fernab der Küste am Meeresgrund abgelagert und dort rasch von Sediment bedeckt wurden, blieben gut erhalten. Insgesamt machen die Fossilien von Fischen nur rund 1% aller im Hunsrückschiefer gefundenen Fossilien aus.

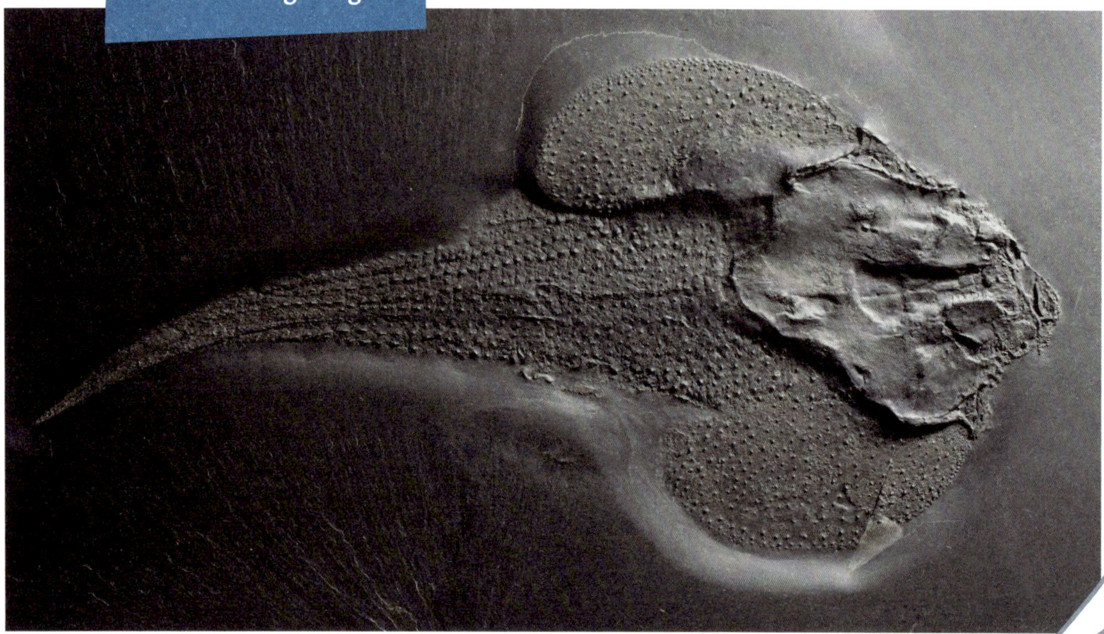

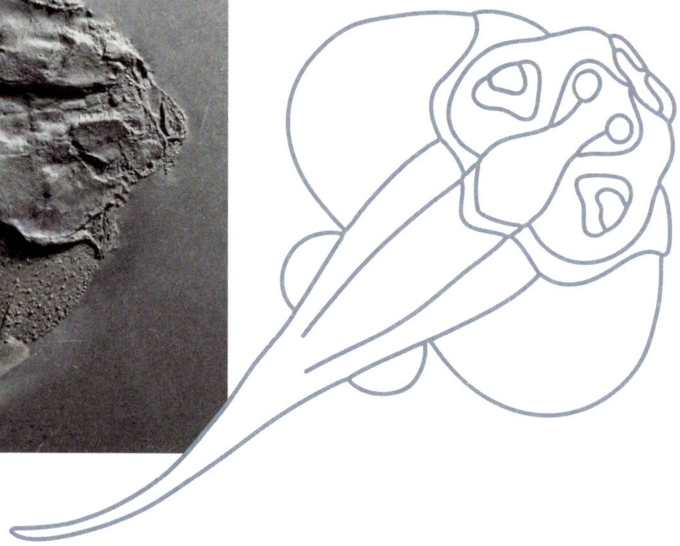

Originale aus der Unterwasserwelt

Neben *Gemuendina* gab es noch viele weitere urtümliche Fische im Devon-Meer:

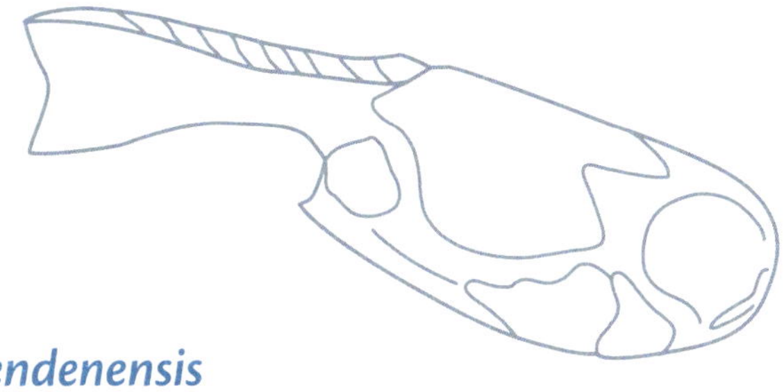

Drepanaspis gemuendenensis

Der Vorderkörper von *Drepanaspis* wurde durch große Knochenplatten gestützt, der Schwanz von kräftigen Schuppen. Die Tiere schwammen durch Schlängelbewegungen des Hinterkörpers, waren aufgrund des hohen Gewichts des Knochenpanzers aber nicht besonders agil und verbrachten viel Zeit am Grund des Meeres.

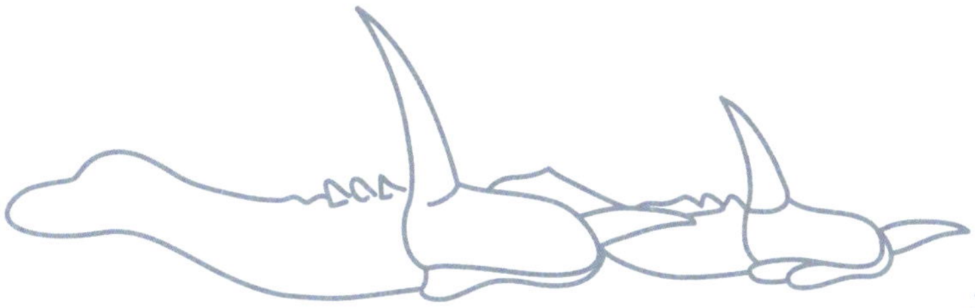

Rhinopteraspis sp.

Rhinopteraspis besitzt keine Flossen, außer der Schwanzflosse. Besonders auffällig sind der nach vorne gerichtete hornartige Fortsatz sowie der nach hinten gerichtete Stachel am Vorderkörper. Die kleinen Tiere waren wohl gute Schwimmer.

Cephalaspis sp.

Charakteristisch für *Cephalaspis* ist der große knochige Kopfschild. Wahrscheinlich ernährten sie sich von verrottendem organischem Material am Grund der Gewässer. Sie gehörten zu den urtümlichen Fischen, die Brustflossen besaßen. Mit diesen konnten sie steuern.

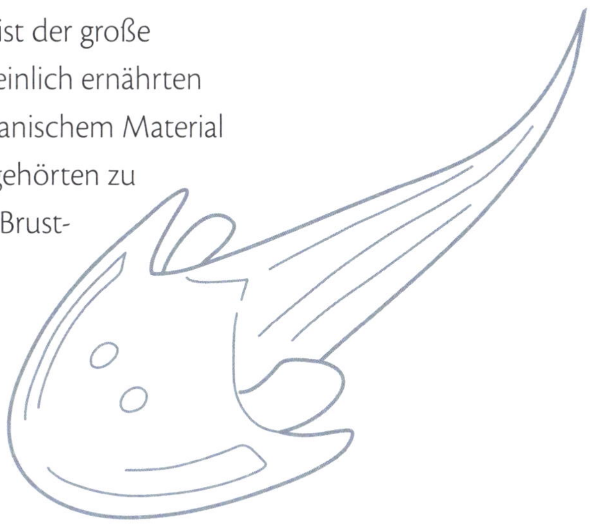

DER TRILOBIT

CHOTECOPS FERDINANDI

Trilobiten lassen sich längs und quer in drei Teile gliedern. Daher werden sie auch Dreilapper genannt.

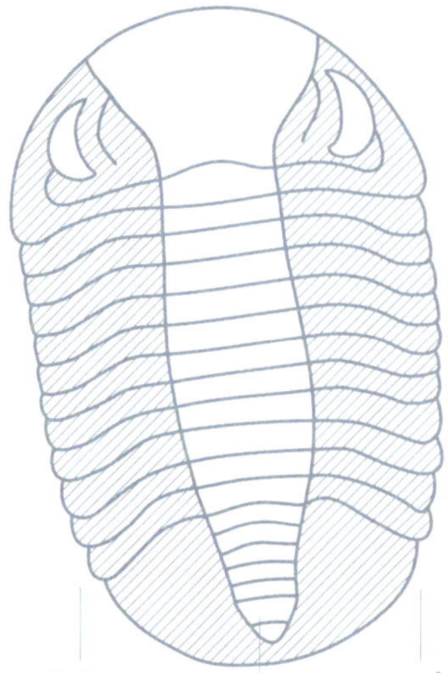

Trilobiten besaßen auf der Rückenseite gepanzerte Körpersegmente, die beweglich miteinander verbunden waren. Bei Gefahr rollten sie sich zu einer harten Kugel zusammen, um die empfindliche Körperunterseite zu schützen. Trilobiten gehören zu den Gliedertieren.

Chotecops war einer der häufigsten Trilobiten im Devon-Meer. Aber aufgepasst: bei vielen Trilobitenfossilien handelt es sich jedoch nicht um das Tier selbst, sondern nur um eine abgestreifte Hülle.

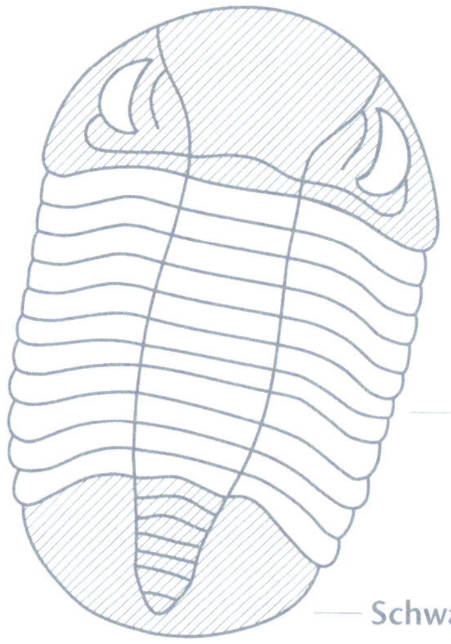

Verborgene Feinheiten

Dieser Trilobit (*Chotecops ferdinandi*) wurde von einem Schlammstrom fortgerissen und verschüttet. Mikro-Computertomographie macht die im Gestein verborgenen Körperteile sichtbar. Dreidimensional überlieferte Beine mit ihren Kiemenanhängen werden in allen Details erkennbar.

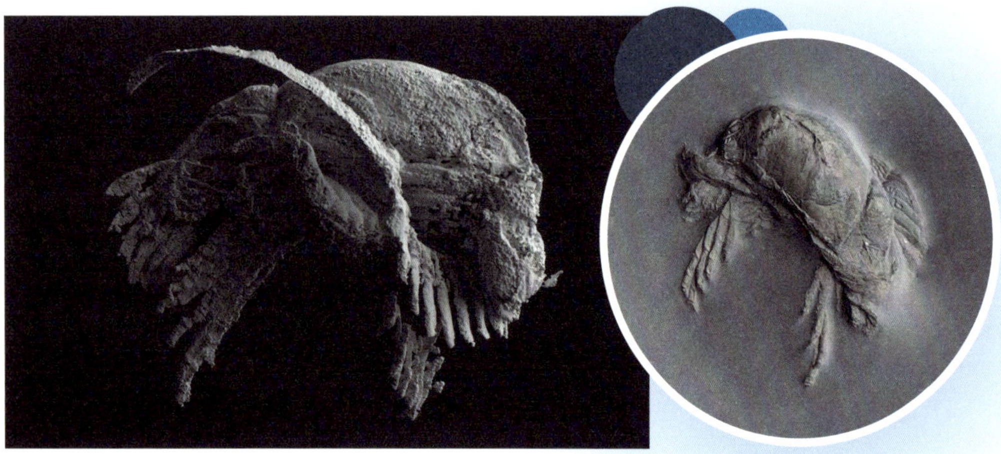

Chotecops ferdinandi,
3D-Darstellung (links) und Originalplatte (rechts)

KÖRPERLÄNGE
bis 12 cm

NAHRUNG
kleine Nahrungspartikel im Schlamm

FUN FACT
hatte Augen aus hunderten Linsen

MACH MIT!
Bastelbogen Trilobit

1. Schneide den Körper des Trilobiten, die Beine und die Kiemen aus.
2. Bestreiche die mit Sternchen gekennzeichneten Klebeflächen mit Klebstoff und klebe den Körper so zusammen, dass die Klebeflächen nicht mehr zu sehen sind.
3. Knicke Kiemen und Beine jeweils an beiden Mittellinien.
4. Klebe die Kiemen unter den Körper.
5. Klebe die Beine unter den Körper (auf die Kiemen)

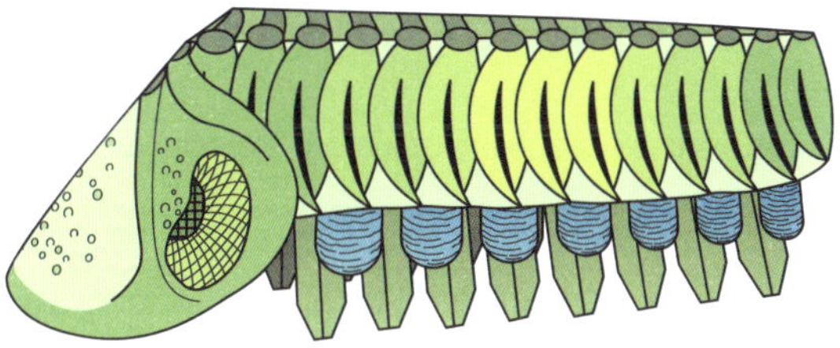

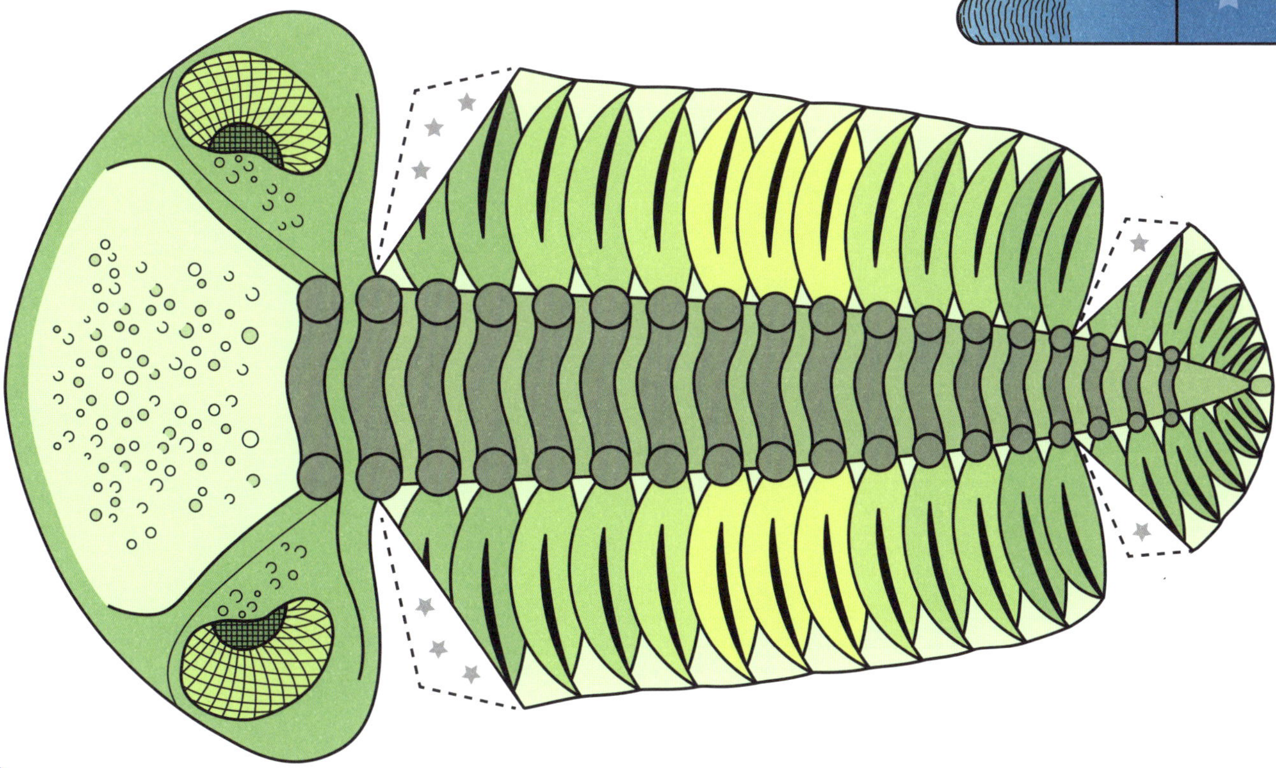

ES WAR AN EINEM TAG IM DEVON ...

... als dort, wo heute Mainz liegt, ein tropisches Meer wogte. Am sandigen Grund sucht ein Scheinstern inmitten seiner Artgenossen nach Nahrung.

Gemeinsam streifen sie auf stelzenartigen Beinen zwischen Seelilien über den Meeresboden. Aus dem Nichts taucht eine räuberische Asselspinne auf. Die erwachsenen Scheinsterne tragen Kieselschwämme auf ihren Rückenpanzern und sind dadurch gut getarnt. Dem jungen Scheinstern dagegen bleibt nur die Flucht. Noch bevor die Asselspinne ihn packen kann, wälzt sich ein dunkler Schatten heran: Ein gewaltiger Schlammstrom bringt der ganzen Gemeinschaft den Tod.

RIESEN-LURCHE

IN ROTER WÜSTE

Zeitalter

PERM

299 MILLIONEN JAHRE – 252 MILLIONEN JAHRE

GEOGRAPHISCHE LAGE & HAUPTFUNDGEBIETE IN RHEINLAND-PFALZ

KLIMA

Vor 295 Millionen Jahren lag Rheinland-Pfalz wie heute nördlich des Äquators. Zu dieser Zeit gab es nur einen einzigen riesigen Kontinent, Pangäa.

Weitgehend herrschte ein trocken-heißes Klima. Wolken regneten sich in den küstennahen Gebieten ab, so dass wenige Niederschläge bis ins Landesinnere gelangten. So entstanden einerseits wüstenartige Ödländer und dort, wo der Regen niederging, Sümpfe und Seen. In den Uferbereichen wuchs eine üppige Vegetation. Über weite Flächen färbte oxidiertes Eisen die Böden rot. Daher werden die Gesteine aus dieser Zeit zusammenfassend als „Rotliegend" bezeichnet.

Die Seeablagerungen des Rotliegenden sind reich an einzigartigen Fossilien. Auch versteinerte Fährten aus den Uferbereichen verraten uns einiges über die damalige Lebenswelt. Besonders spektakulär sind die Dachschädel-Lurche, frühe Landwirbeltiere, die an heutige Riesensalamander erinnern.

Im Perm herrschte weltweit große Trockenheit. Meerwasser verdunstete und es bildeten sich großflächige Salzablagerungen, die bis heute abgebaut werden.

DER DACHSCHÄDEL-LURCH

SCLEROCEPHALUS HAEUSERI

Dachschädel-Lurche tragen ihren Namen aufgrund ihres auffällig stark verknöcherten Schädeldachs.

Mit einer Länge bis zu 1,80 m dominierten diese räuberischen Amphibien die Uferbereiche und das Leben an Land. *Sclerocephalus* pflanzte sich im Wasser fort und seine Larven atmeten durch Kiemen. Mit der Metamorphose ins Erwachsenenstadium bildeten die Tiere Lungen aus und konnten das Wasser dauerhaft verlassen.

Im Vergleich zu Amphibien waren Reptilien im frühen Perm noch sehr selten; erst Millionen Jahre später wurden sie zur ernsthaften Konkurrenz und übernahmen schließlich die Herrschaft an Land.

Sclerocephalus ist fossil gut belegt, die Funde zeigen nahezu alle Größen und Entwicklungsstadien.

KÖRPERLÄNGE
1,80 m

NAHRUNG
Fische

FUN FACT
hatte mehrere Reihen spitzer Zähne

Bild links:
Rekonstruktion eines *Sclerocephalus haeuseri* im Naturhistorischen Museum Mainz

Rätselhafte Fährten

Von Dachschädel-Lurchen wurden verschiedene Arten von Fossilien gefunden. Zum einen die Überreste ganzer Körper, zum anderen aber auch Spurenfossilien.

Jedes Ereignis hinterlässt Spuren. Manche verschwinden schnell, andere bleiben viele Millionen Jahre erhalten. Spuren zeigen was an einem bestimmten Ort zu einer bestimmten Zeit geschah und sie berichten etwas über ihre Verursacher.

Die Fußspuren auf den gezeigten Platten verraten uns durch ihre Form und Abfolge, dass hier amphibien- und reptilienartige Tiere über schlammigen Boden gelaufen sind, wahrscheinlich am Rande eines Sees.

Am Ufer verwischt das Wasser oft alle Abdrücke sofort wieder. Nur wenn die Wasserbewegung gering ist und die Oberfläche ungestört bleibt, bis die Spuren mit Ton oder Sand überdeckt wurden, können Fährten erhalten bleiben.

Beim Freilegen versteinerter Fährten müssen die Schichten wieder voneinander gelöst werden. Dabei trennt sich der originale Fußabdruck, der eine Vertiefung ist, von seiner Ausfüllung. Die Ausfüllung nennt man *Plombe*.

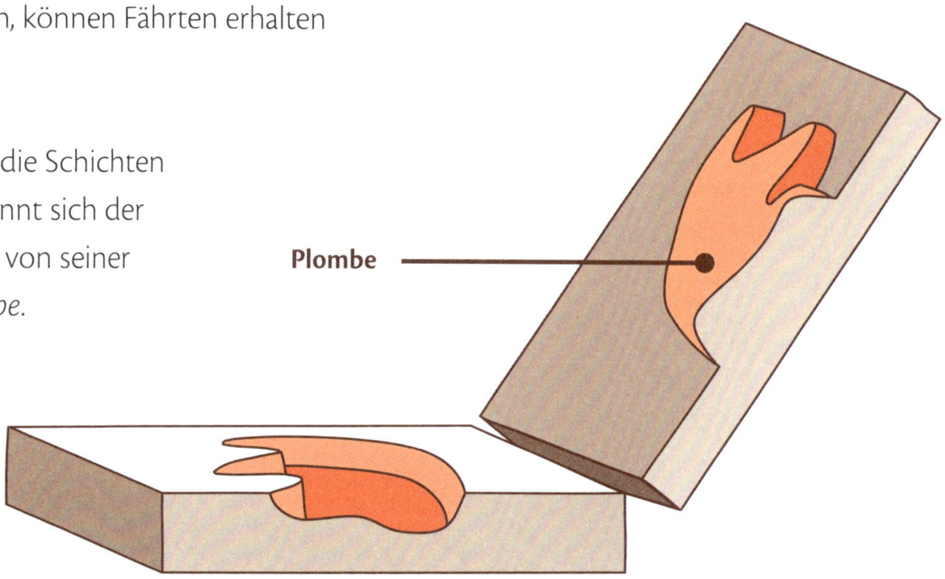

Auch die Fläche unterhalb der originalen Spur enthält Informationen, da sich die Verformung der Oberfläche in der Tiefe fortsetzt. Solche tieferliegenden Abdrücke nennt man *Undertracks*. Sie sind meist weniger aussagekräftig als die originale Trittfläche. Spurenfossilien, deren Erzeuger unbekannt sind, erhalten einen eigenen wissenschaftlichen Namen, den Spurennamen (Ichnotaxon). Dies geschieht, um Spuren eindeutig zu beschreiben.

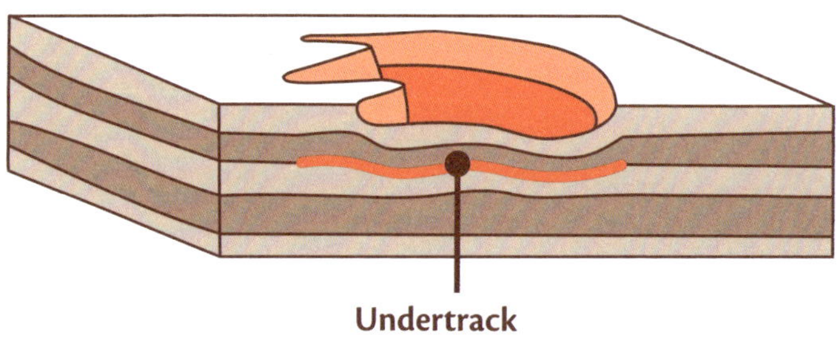

Amphibienfährtenplatte (Undertrack)
Spurenname: *Limnopus* sp.
Erzeuger: vermutlich *Sclerocephalus*

Amphibienfährtenplatte (Plombe)
Spurenname: *Limnopus* sp.
Erzeuger: vermutlich *Sclerocephalus* (Jungtier)

Amphibienfährtenplatte (Plombe)
Spurenname: *Batrachichnus* sp.
Erzeuger: vermutlich Branchiosaurier

Reptilienfährtenplatte (Plombe)
Spurenname: *Dromopus lacertoides*
Erzeuger: unbekannt

Punkte und Striche

Diese in Nierstein gefundene Platte zeigt ganz besondere Spurenfossilien!

Hier sind die winzigen Fußabdrücke von Insekten zu sehen, die vor rund 295 Millionen Jahren durch feuchten Schlamm liefen. Vermutlich handelte es sich um Käfer oder Schaben.

Spurenname: *Lithographus hieroglyphicus*

1 Ein Lebewesen hinterlässt Fußabdrücke in weichem Boden

2 In die Vertiefungen der Fußabdrücke weht der Wind Sand und Ton

Diese Platte zeigt kleine, runde Abdrücke von Regentropfen. Unter besonderen Umständen können uns also sogar Wetterereignisse überliefert werden.

3 Im Laufe der Zeit lagern sich weitere Ton- und Sandschichten ab

4 Durch Verwitterung und Erosion werden die Schichten wieder frei gelegt

BATROPETES PALATINUS

VERWANDLUNGSKÜNSTLER

Batropetes ist, ebenso wie der Dachschädel-Lurch, ein typisches Beispiel für Amphibien des Perm.

KÖRPERLÄNGE
bis 9 cm

NAHRUNG
kleine Gliederfüßer

FUN FACT
Der Artname *palatinus* bezieht sich auf die Pfalz

Unter dem Begriff Amphibien werden traditionell vierfüßige wechselwarme Landwirbeltiere mit feuchter, nackter Haut zusammengefasst. Amphibien legen Eier, die keine Schale und somit keinen Schutz gegen Austrocknung haben und daher feucht gehalten werden müssen. In der Regel erfolgt die Eiablage im Wasser. Die geschlüpften Larven entwickeln sich dort und atmen mit Kiemen. Durch zahlreiche Umwandlungen (Metamorphose) werden sie letztlich zu erwachsenen Tieren, die mit Lungen atmen und an Land leben. Auf diesen Wechsel des Lebensraumes bezieht sich auch der Name, der vom griechischen amphí „auf beiden Seiten" und bíos „Leben" stammt. Amphibien leben räuberisch.

Erwachsene *Batropetes* lebten vermutlich ähnlich wie heutige Salamander abseits ihrer Laichgewässer in feuchten Wäldern. Der robuste Bau der Hand- und Fußwurzeln zeigt, dass es sich um Landbewohner handelte.

Ausnahmefall

Der kleine molchähnliche *Apateon pedestris* gehört ebenfalls zu den Amphibien und ist fossil reich überliefert. Allerdings gibt es keinen Fund, der auf ein Tier mit Lungenatmung hindeutet. Dies weist auf eine Besonderheit hin: bei manchen Amphibien vollzieht sich die Metamorphose nicht oder nur teilweise. Auch geschlechtsreife Tiere behalten dann Larvenmerkmale. Ein heutiges Beispiel für diese Eigentümlichkeit ist der europäische Grottenolm.

Die Kiemenanhänge von *Apateon pedestris* waren lang. Die Tiere konnten damit besonders gut Sauerstoff aufnehmen und so auch sauerstoffärmere Seen besiedeln. Verwandte Arten mit kürzeren Kiemenbüscheln lebten dagegen vermutlich in sauerstoffreichen Bächen.

Am Beispiel von *Apateon pedestris* zeigt sich wie stark äußere Umstände die Fossilüberlieferung beeinflussen: bei Odernheim gefundene Fossilien sind mit schwarzen Knochen, äußeren Kiemen und Hautschatten (Reste des Weichkörpers) enthalten. Funden von anderen Stellen fehlt der Hautschatten und die Knochen sind weiß. Dies ist der Fall, wenn Gestein und Fossilien durch in der Nähe aufgestiegenes Magma stark erhitzt werden.

Fossilien von *Apateon pedestris* aus Odernheim am Glan, Saar-Nahe-Bergland

Fossilien von *Apateon pedestris* aus Niederkirchen, Nordpfälzer-Bergland

CRYPTOVENATOR

ÄLTESTES REPTIL

***Cryptovenator hirschbergeri* gehört zur Gruppe der Pelycosaurier. Diese frühen Reptilien stehen in der direkten Ahnenreihe der Säugetiere und sind tatsächlich näher mit uns Menschen verwandt als beispielsweise mit Eidechsen oder Krokodilen. Die Tiere erreichten rund 1m Körperlänge.**

KÖRPERLÄNGE
1 m

ERNÄHRUNG
räuberisch

FUN FACT
bisher wurde nur ein Stück des Unterkiefers gefunden

Das hier gezeigte Unterkieferfragment von *Cryptovenator hirschbergeri* gilt als ältester Fund eines Reptils in Deutschland. Fossile Reptilien aus dem Perm unserer Gegend sind äußerst selten.

Unter dem Begriff Reptilien werden traditionell vierfüßige, wechselwarme Landwirbeltiere mit trockener, von Schuppen oder Hornplatten bedeckter Haut zusammengefasst.

In der Regel legen Reptilien Eier an Land ab, in denen sich die Jungen entwickeln. Es gibt aber auch Arten, bei denen die Eier bis zum Schlupf im Körper verbleiben. Im Unterschied zu den Amphibien entwickeln sich in Reptilieneiern keine Larven, sondern Jungtiere, die sich von Dotter ernähren.

Reptilien sind je nach Art, Fleisch- Pflanzen- oder Allesfresser. Dank ihrer schützenden Haut können sie heiße und trockene Gebiete besiedeln; andere Arten sind wieder zu Wasserbewohnern geworden.

MACH MIT!

Wer findet den Weg zum See?

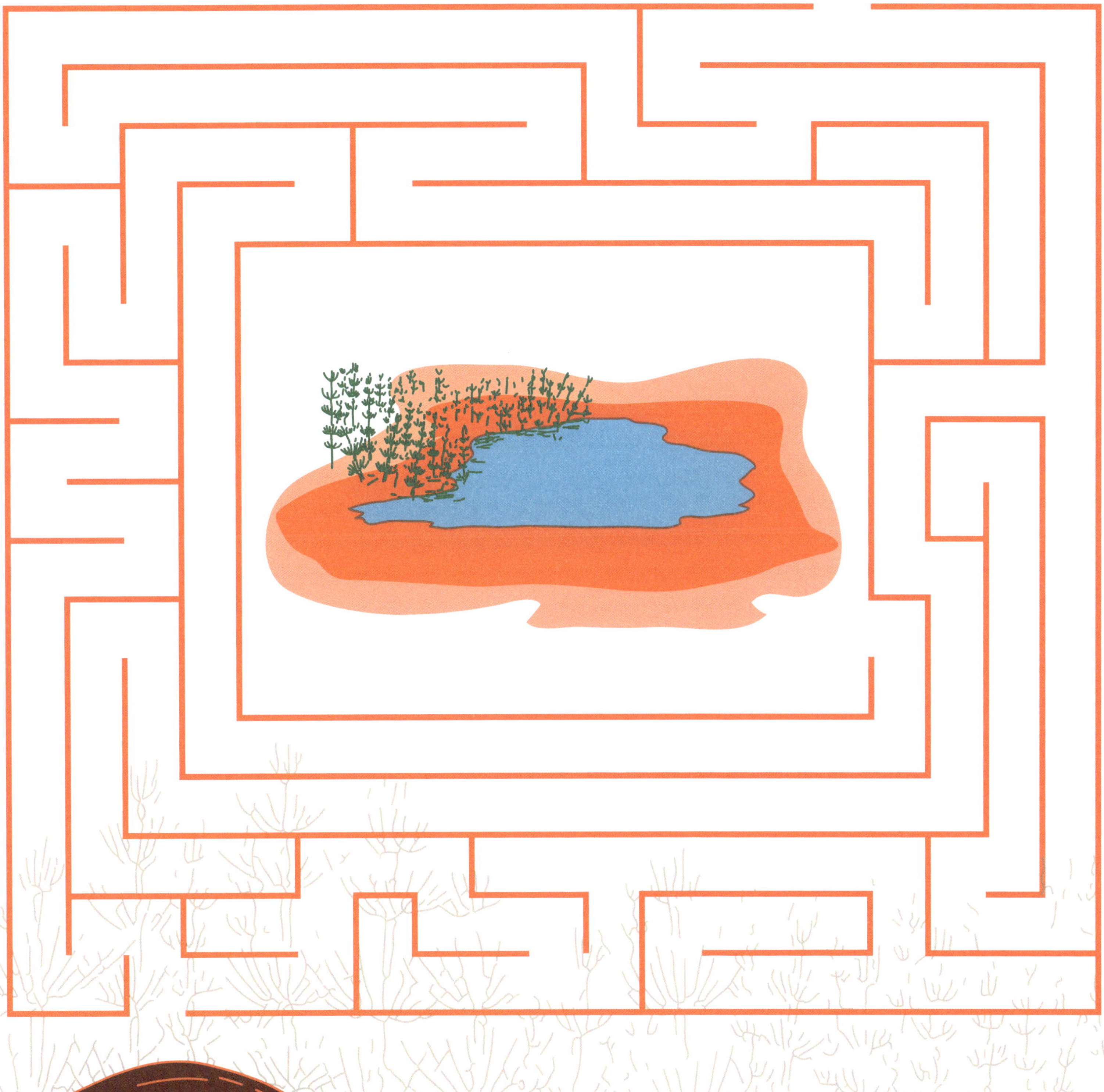

WIE KOMMT DAS FOSSIL AUS DEM STEIN?

Wenn Fossilien gefunden werden, kann man oft noch gar nicht erkennen, um was es sich eigentlich handelt. Oft schaut nur ein kleiner Teil aus dem umgebenden Gestein oder Sediment hervor. Um es nicht zu beschädigen, wird das Fossil oft mitsamt seiner Umgebung geborgen.

Nach der Bergung wird das Fossil sorgfältig verpackt, um es beim Transport ins Museum zu schützen und Umweltweinflüsse fern zu halten. Manchmal wird zum Schutz ein Gipsverband um das Fossil gelegt, ähnlich wie bei einem gebrochenen Knochen.

Feinarbeit

Nach dem Transport ins Museum beginnt die Arbeit der Präparatoren. Das Fossil wird ausgepackt und der Fund gereinigt und untersucht. Anschließend wird das Fossil ganz behutsam Millimeter für Millimeter freigelegt. Hierzu werden Druckluftmeißel, Sandstrahlgeräte und feine Stichel verwendet. Im Idealfall entfernt der Präparator das umgebende Gestein ohne das Fossil selbst zu berühren. Winzige, sogar mikroskopisch kleine Abnutzungsspuren an fossilen Zähnen können wertvolle Hinweise auf die Nahrung des Tieres geben, während raue Knochenbereiche oft die Ansatzstellen von Muskeln kennzeichnen. Der Präparator muss daher vermeiden, Kratzer, Furchen oder andere Schrammen zu erzeugen.

Oftmals legt der Präparator ein Fossil zum ersten Mal nach Millionen Jahren frei. Viele Knochen sind sehr mürbe oder stark zerbrochen. Mit dünnflüssigen Imprägnierharzen werden die Stücke daher getränkt und geklebt, um sie für wissenschaftliche Bearbeitung stabil zu machen.

Am zeitaufwändigsten ist übrigens meist die Präparation winzig kleiner Fossilien, denn sie müssen durch Mikroskope oder Vergrößerungslinsen betrachtet und mit feinen Nadeln präpariert werden.

Manchmal dauert es viele Wochen oder Monate bis ein Stück fertig präpariert ist. Dabei können wahre Meisterstücke entstehen, die die Grundlage für weitere wissenschaftliche Forschungen bilden.

DER SCHWERTSCHWANZ

PRINGLIA CF. FRITSCHI

Schwertschwänze gibt es seit rund 480 Millionen Jahren. Die heute existierenden Arten bewohnen meist die flachen Sandküsten tropischer Meere.

Wie der kleine Pringlia aus dem Rotliegend-See bei Niedermoschel zeigt, gab es im Erdaltertum auch Arten, die im Süßwasser lebten.

KÖRPERLÄNGE
ca. 2 cm

NAHRUNG
Gliederfüßer

FUN FACT
der gebogene Vorderrand diente als Grabschaufel

Suppe mit Einlage

In den Seen des Perm herrschten oft gute Bedingungen für die Entstehung von Fossilien. Neben Muscheln und Krebsen kennen wir auch eine Vielzahl fossiler Fische.

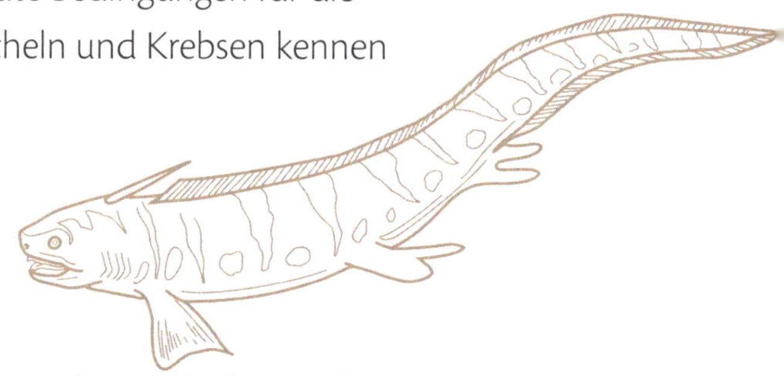

Süßwasserhai
Triodus obscurus
Besonders eindrucksvoll sind die bis zu 3 m langen Süßwasserhaie. Ihre charakteristischen dreispitzigen Zähne sind zahlreich fossil erhalten.

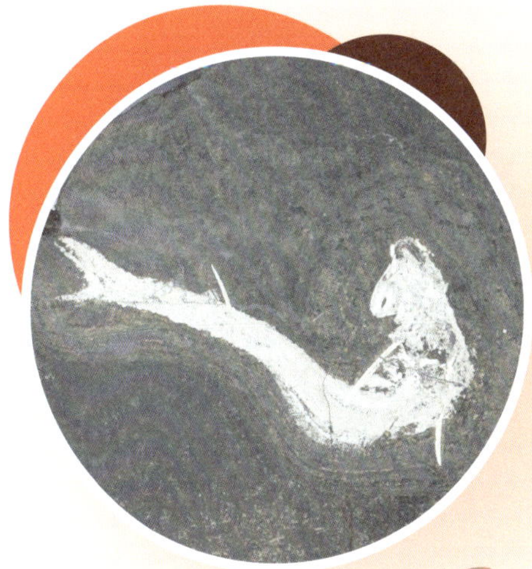

Acanthodes sp.

Besonders merkwürdig sehen planktonfressende Acanthodier aus. Sie tragen kräftige Stacheln an After-, Rücken- und Brustflossen, sowie tausende winzige Knochenschüppchen.

Palatinichthys laticeps

Besonders selten sind gute Funde von Quastenflossern. Meist findet man einzelne Schuppen. Das gezeigte Fossil ist einzigartig.

Conchopoma gadiforme

Besonders robust sind Lungenfische. Erwachsene Tiere besitzen eine Lunge, die ihnen ein Leben in sauerstoffarmen Gewässern ermöglicht.

Paramblypterus sp.

Besonders häufig sind Fossilien von Knorpelschmelzschuppern. Sie sind frühe Vertreter der Strahlenflosser, zu denen die meisten modernen Fische gehören. Schmelzschuppen bedecken den Körper und den oberen Teil der asymmetrischen Schwanzflosse.

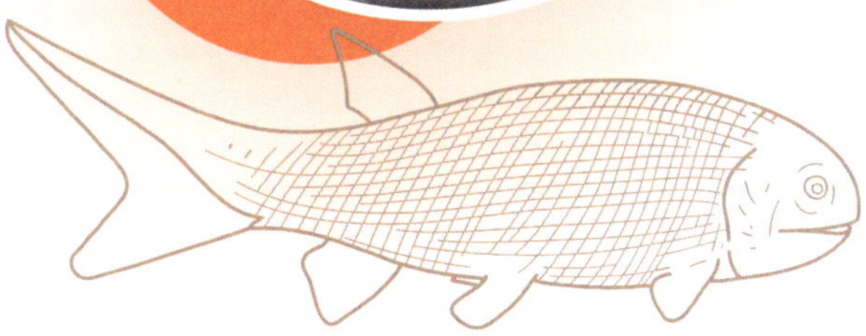

Tausendfüßer (wissenschaftlich unbearbeitet)

Manchmal wurden auch landbewohnende Tiere und Pflanzen, bzw. ihre Überreste, durch Wind und Wasser in Seen eingetragen. Daher finden wir auch solche Fossilien neben denen der Seebewohner.

GRÜNE OASEN

PFLANZENVIELFALT IN STEIN

Die Pflanzenwelt des Rotliegenden ist in Rheinland-Pfalz außergewöhnlich gut und reich überliefert. Sümpfe, Moore und Ufer waren dicht besiedelt. Hier wuchsen Farnpflanzen, Schachtelhalm- und Bärlappgewächse sowie zahllose weitere Arten. Trockene Standorte waren spärlicher bewachsen, hier fanden sich vor allem Nadelbäume sowie Vertreter der heute ausgestorbenen Gruppe der Samenfarne.

Pflanzen an feuchten Standorten hatten gute Erhaltungschancen. Gewächse aus trockenen Gebieten wurden nur dann fossil überliefert, wenn sie in Seen eingetragen oder von Vulkanaschen verschüttet wurden.

Die hohe vulkanische Aktivität im Perm setzte Treibhausgase frei und führte so zu steigenden Temperaturen. Zudem wurde es trockener. Allmählich wurden die lange dominierenden Farnpflanzen von Arten abgelöst, die besser mit dem veränderten Klima zurechtkamen.

Mit dem Höhepunkt der vulkanischen Aktivität am Ende des Perm ereignete sich schließlich die größte Katastrophe der Erdgeschichte. Treibhausgase verursachten einen Klimawandel. Der drastische Anstieg der CO_2 Konzentration führte zur Übersäuerung der Meere. Nahrungsketten und ganze Ökosysteme brachen zusammen. Als Folge starben 90 % der Tierarten im Meer und schließlich auch 75 % an Land aus. Es dauerte viele Millionen Jahre bis die Artenvielfalt wieder den vorherigen Wert erreicht hatte. Heute, 252 Millionen Jahre später, stehen wir wieder vor einem klimabedingten dramatischen Artensterben.

Baumfarn
Pecopteris cf. cyathea

Culmitzschia laxifolia

MACH MIT!
Schneide die Karten aus und spiele nach Memory-Regeln.

ES WAR AN EINEM TAG IM PERM ...

... als dort, wo heute Mainz liegt, dunkle Wolken über die ausgedörrte Ebene ziehen.

Einer der seltenen, aber heftigen Regenfälle kündigt sich an. Endlich fallen einzelne schwere Tropfen. Sie hinterlassen schlammige Einschlagkrater im staubigen Boden. Doch der große Regen bleibt aus. Die zarten Tropfenkrater trocknen und verfestigen sich. Wind bedeckt sie mit Sand und Staub. Derart geschützt werden sie Millionen Jahre überdauern. Wenige Kilometer weiter sieht es ganz anders aus. Hier prasselt der Regen herab, sammelt sich an der Oberfläche und fließt durch Rinnen und Vertiefungen. Das Wasser trägt Sand, Ton und Geröll mit sich. Fließt es langsamer, lagern sich Geröll und Sand wieder ab. Schließlich bilden sich kleine Tümpel, in denen sich der feine Ton absetzt.

Während die Pfützen langsam wieder austrocknen, laufen Insekten immer wieder kreuz und quer durch den feuchten Ton. Schließlich verschwinden die letzten Tropfen. Staub weht in die winzigen Fußspuren und bedeckt sie Lage für Lage. Bald ist die Schutzschicht so dick, dass der nächste Regen den empfindlichen Fährten nichts mehr anhaben kann.

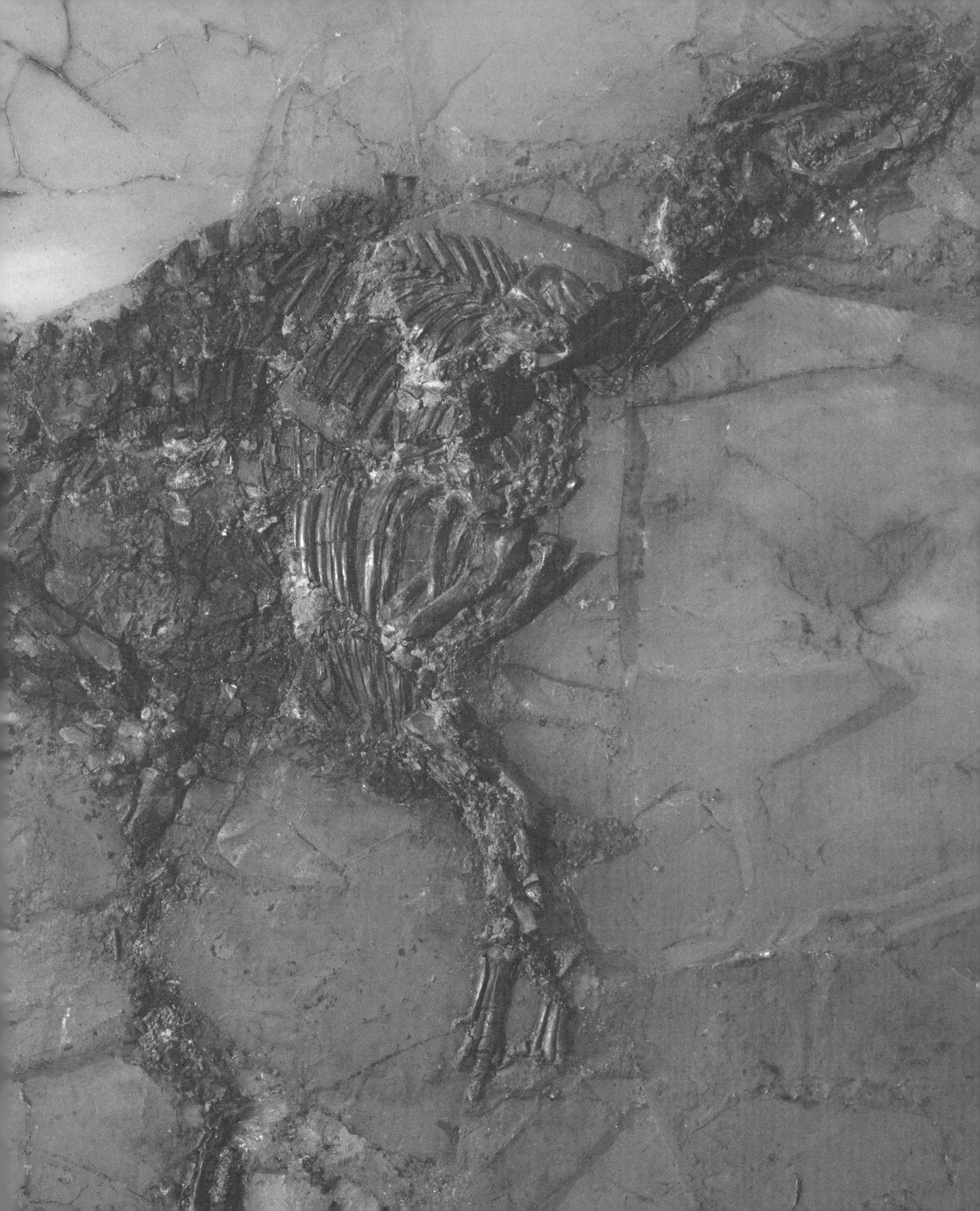

UR-PFERDCHEN

AM VULKANSEE

Zeitalter

EOZÄN

56 MILLIONEN JAHRE – 34 MILLIONEN JAHRE

GEOGRAPHISCHE LAGE & HAUPTFUNDGEBIETE IN RHEINLAND-PFALZ

KLIMA

Vor 44 Millionen Jahren lagen die Kontinente nahezu in ihrer heutigen Position. In der heutigen Eifel wuchs ein tropischer Urwald. Die Landschaft war mit Vulkanseen übersät.

Im von Farnen und Schlingpflanzen überwucherten Dickicht fanden Urpferdchen und Tapire Unterschlupf. Durch die Baumkronen sprangen Riesenhörnchen und Äffchen turnten im Geäst. In den von Steilufern gesäumten fischreichen Seen lauerten Krokodile. Nachts waren Fledermäuse auf der Jagd. Insekten und Spinnentiere fanden überall gute Bedingungen.

Das Eozän war eine der wärmsten Phasen der Erdgeschichte. Die Erde war beinahe eisfrei und der Meeresspiegel stand mehrere Meter höher als heute.

DAS URPFERDCHEN

PROPALAEOTHERIUM VOIGTI

Urpferdchen ähnelten unseren heutigen Pferden nur entfernt. Sie erreichten lediglich eine Schulterhöhe von 30 bis 40 cm, der Körper war gedrungen und der Rücken deutlich gewölbt. Sie besaßen keine Hufe wie die heutigen Pferde, sondern hatten an jedem Vorderfuß vier Zehen und an den Hinterfüßen je drei.

Es ist anzunehmen, das Urpferdchen in kleinen Gruppen lebten und gemeinsam das Dickicht des Urwaldes durchstreiften.

Sensationell war der Fund, der 1991 bei Ausgrabungen des Naturhistorischen Museums Mainz in der Fossilfundstätte Eckfelder Maar in der Eifel gemacht wurde. Es handelt sich um das vollständige Skelett einer trächtigen Stute. Bei genauen Untersuchungen fanden sich später sogar Spuren der Plazenta und der Gebärmutter im Bereich der Knochen des ungeborenen Fohlens. Das Fossil weist zudem an einigen Stellen Spuren der Haut und des Fells sowie Reste der letzten Mahlzeit auf, die aus Blättern bestand.

Gräser und andere harte Pflanzenteile haben die Urpferdchen nicht gefressen. Ihre niedrigen Zahnkronen, die bei zahlreichen fossilen Schädeln überliefert sind, waren nur zum Zerkauen weicher Pflanzenkost geeignet.

KÖRPERHÖHE
30–40 cm

NAHRUNG
Blätter

FUN FACT
hatte verlängerte Eckzähne

Propalaeotherium voigti
Schädel

links: *Propalaeotherium voigti*
Trächtige Stute

Säugetiere im Morgenrot

Das Eozän ist nach Eos, der griechischen Göttin der Morgenröte, benannt. Tatsächlich war dieses Zeitalter sozusagen die Morgendämmerung der Säugetierevolution, denn in dieser Tiergruppe entwickelte sich geradezu sprunghaft eine große Artenvielfalt. Zahlreiche Arten von Huftieren, Fledertieren und Nagetieren entstanden. In diese drei Gruppen fallen knapp 70 % aller heutigen Säugetierarten. Zudem gab es die ersten kleinen Äffchen.

Europolemur klatti
Einzelzähne

Die kleinen Affen waren wahrscheinlich baumlebende Allesfresser mit einem Gewicht von rund 1,7 kg.

Herbertlutzius eckfeldensis

gilt als einer der kleinsten bekannten Paarhufer. Die Tiere hatten etwa die Größe eines Igels. Bislang wurde nur dieser Unterkiefer gefunden.

Fledermaus

Flügel einer noch unbestimmten Fledermaus. Durch die besonderen Bedingungen blieben Flughaut und Haare des Tieres erhalten.

Ailuravus picteti

Der Schneidezahn zeigt deutlich, dass es sich um ein Nagetier handelt.

Fossilien im Krater

Die Grabungsstelle Eckfelder Maar

Die in diesem Kapitel gezeigten Fossilien stammen alle aus der Fundstelle Eckfelder Maar. Das Eckfelder Maar liegt in der südwestlichen Eifel bei Manderscheid und ist ein ehemaliger Vulkansee. Vor 44 Millionen Jahren war der Maar-Krater vollständig mit Wasser gefüllt. Der etwa einen Kilometer breite, kreisrunde See bot zahlreichen Tieren und Pflanzen Lebensraum. In Folge seiner Entstehung als Vulkankrater fielen die Hänge des Sees steil in das Gewässer ab.

Viele Tiere und Pflanzen, die im, um und am See lebten, wurden in die feinen Seesedimente eingebettet und so über Millionen von Jahren konserviert. Heute ist das Eckfelder Maar neben der hessischen Grube Messel und dem Geißeltal in Sachsen-Anhalt eine der drei bedeutenden eozänen Fossilfundstätten Deutschlands. Seit 1987 finden im Eckfelder Maar unter der Leitung des Naturhistorischen Museums wissenschaftliche Ausgrabungen statt. Mehr als 20 Säugetierarten wurden hier bislang gefunden. Neben pferdeartigen Tieren, Tapiren und verschiedenen Paarhufern sogar Hinweise auf Raubtiere.

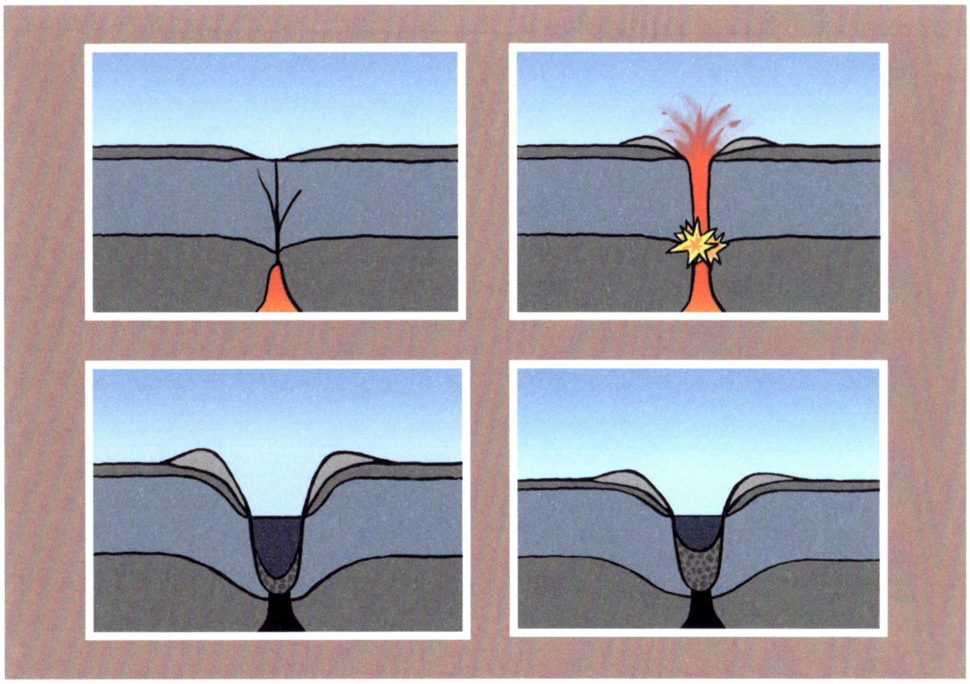

Maare entstehen, wenn beim Ausbruch eines Vulkans das Magma noch unter der Erde auf Wasser trifft. Dann kommt es zu gewaltigen Explosionen und es entsteht ein Krater in der Erdoberfläche. Wenn dieser sich mit Wasser füllt, entsteht ein Maarsee, an dessen Boden sich Schlamm sammelt.

BLÄTTER UND BLÜTEN

PFLANZEN VOM KRATERRAND

Von der Fundstelle Eckfeld sind rund 200 verschiedene Pflanzenarten nachgewiesen. Dies bietet beste Voraussetzungen für die Rekonstruktion des damaligen Lebensraums.

Insgesamt wurden mehrere Tausend Pflanzenfossilien gefunden. Darunter eine große Vielfalt an Blättern, über 600 Blüten und Blütenstände sowie Früchte und Samen. Im extrem feinkörnigen Tongestein wurden feinste Details, teils bis in die Zellstruktur hinein, erhalten. Sogar die Spaltöffnungen, spezielle Zellen durch die Pflanzen atmen, sind deutlich zu erkennen. Form, Menge und Verteilung dieser Zellen sowie die Blattform sind wichtige Indizien für die Rekonstruktion des einstigen Klimas. Aber auch die vielen gut erhaltenen winzigen Pollen geben wichtige Hinweise auf den urzeitlichen Lebensraum.

Der Baumbestand rund um die Vulkanseen ähnelte dem heutiger tropischer und subtropischer Regionen. Neben zahlreichen Walnuß-, Ulmen- und Rosengewächsen gediehen auch Palmen-, Lorbeer- und Teegewächse. Seltener waren Nadelgehölze. Im Schatten der Baumkronen wucherte ein dichtes Gestrüpp an krautigen Pflanzen und Farnen. Zudem bedeckten unterschiedliche Moose und Pilze den Boden. Bis ins Geäst der Bäume rankten sich Kletterpflanzen, zum Beispiel Weinrebengewächse und Kletterfarne.

Da die Hänge des Vulkankraters steil in den See abfielen, fehlte ein breiter bewachsener Ufersaum. Daher gibt es nur wenige Fossilien von Wasser- und Sumpfpflanzen.

Blatt eines Ulmengewächs

Wedel einer Fiederpalme

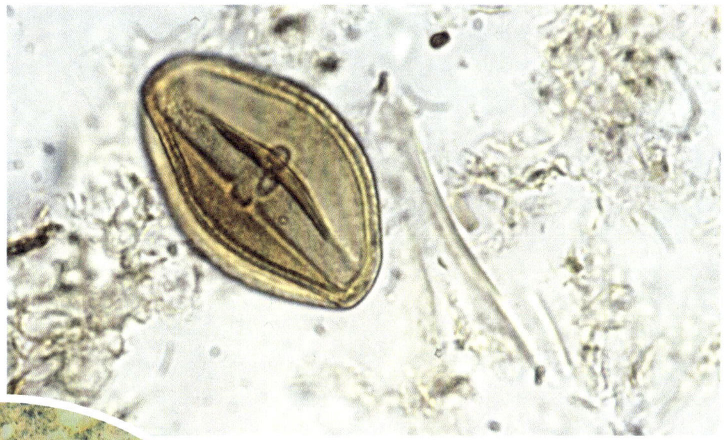

Pollenkorn Weinrebengewächs

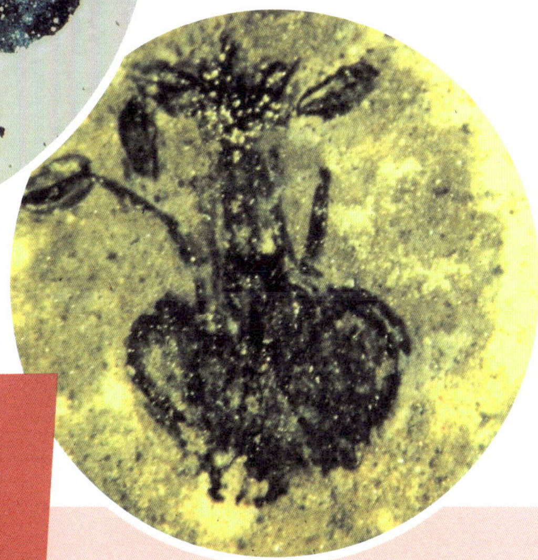

Unbestimmte Blüten

MACH MIT!
Welcher Schatten gehört zum Blütenzweig links oben?

Schatten A | Schatten B | Schatten C | Schatten D

Auflösung: Schatten D ist richtig

WIE KOMMT DAS URPFERDCHEN IN BEWEGUNG?

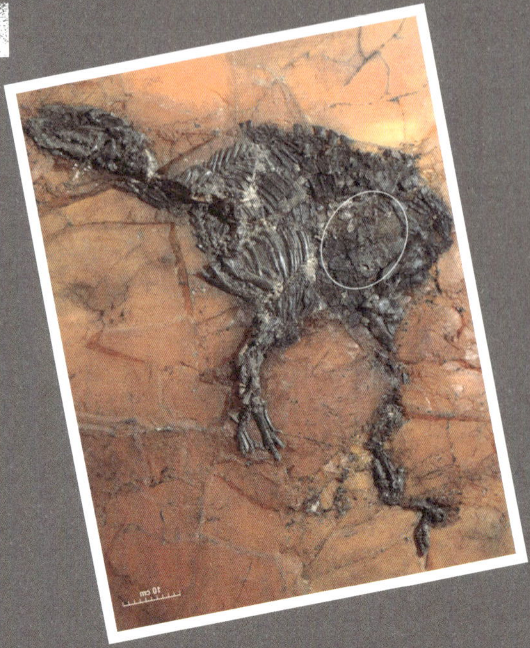

Wer möchte nicht mit einer Zeitmaschine in die Urzeit reisen, um diese verlorenen Welten einmal real zu erleben? Moderne 3-D Computertechnologie hat uns dieser Vision deutlich näher gebracht. Wenn auch nicht körperlich, so lässt sich doch inzwischen über sogenannte Virtuelle Realität (VR) auf authentische Weise ein Blick in vergangenen Welten werfen. Aber wie schafft man es, ein Urpferdchen zum Laufen zu bringen? Hierzu ist eine enge Zusammenarbeit zwischen Computergrafiker und Wissenschaftler wichtig, denn es soll schließlich alles nicht nur schön aussehen, sondern auch wissenschaftlich korrekt sein.

Um ein erstes grobes virtuelles Modell zu bauen, benötigt der Grafiker vor allem genaue Maße. Die werden, wenn möglich, direkt vom Fossil abgenommen. Da dies aber nur aus Knochen besteht, muss der Muskelkörper rekonstruiert werden. Ein vergleichbares heute lebendes Tier kann dabei hilfreich sein. Für die Rekonstruktion eines Urpferdchens ist die Ducker-Antilope aufgrund ihrer Größe und ihrer ähnlichen Proportionen sehr gut geeignet.

Auf dieser Grundlage baut der Grafiker ein virtuelles 3-D Drahtgitter-Modell. Steht die Form fest, wird für das Modell über das sogenannte Rendering-Verfahren die Oberfläche berechnet. Jetzt kann der Wissenschaftler schauen, ob alles korrekt ist. Meistens sind dann noch einige Korrekturen notwendig. Aufwendig ist die Erstellung des Fells, denn bevor die Haare vom Computer berechnet werden, müssen sie „gekämmt" werden. Sonst stehen sie in alle Richtungen ab. Die Zuordnung der Farbe ist dagegen eine leichtere Aufgabe.

Damit sich das Tier später auch bewegen kann, müssen alle möglichen Drehpunkte und Gelenkstellen am Körper festgelegt werden. Hierzu wird ein 3D-Skelett erstellt, das sogenannte Rig, das im nächsten Schritt mit dem virtuellen Drahtgitter-Modell verbunden wird. Indem nun wie in einem Zeichentrickfilm viele Einzelbilder des Bewegungsablaufes produziert werden, kommt das Urpferdchen schließlich zum Laufen.

Meistens sind dann noch einige Korrekturen notwendig. Aufwendig ist die Erstellung des Fells, da jedes einzelne Haar berechnet werden muss. Die Zuordnung der Farbe ist dagegen eine leichtere Aufgabe.

DIE ECKFELD-LAUS

MEGAMENOPON RASNITSYNI

Ein Highlight unter den Eckfeld-Fossilien ist der Fund der weltweit ältesten Laus, einer Vogellaus. In dem nur 6,7 mm großen Tier waren sogar noch Spuren der letzten Mahlzeit, Reste von Vogelfedern, nachweisbar.

GRÖSSE
6,7 mm

NAHRUNG
Vogelfedern

FUN FACT
im Magen liegt noch die letzte Mahlzeit

Solche Funde sind besonders nützlich, da sie Wechselbeziehungen zwischen Organismen dokumentieren. In Eckfeld finden sich auch fossile Blätter und Samen mit Fraßspuren von Insekten, die so charakteristisch sind, dass sich bestimmen lässt, welche Insektenart einst daran knabberte.

Bei einer Biene wurden an den Hinterbeinen sogar Pollen identifiziert, die zeigten, welche Blüten sie zuletzt besucht hatte. Der ausgezeichnete Erhaltungszustand der Insekten des Eckfelder Maars liefert somit wichtige Daten für die Rekonstruktion der damaligen Lebensgemeinschaften.

Biene
Electrapis prolata (mit Pollen)

Blatt mit charakteristischer Fraßspur einer Blattschneiderbiene

Vogellaus
Megamenopon rasnitsyni

Fossilien in Farbe

Eckfeld ist reich an fossilen Insektenfunden. Die Zahl der Funde geht in die Tausende, dabei konnten bislang rund 150 verschiedene Arten identifiziert werden. Mehr als 80% davon sind Käfer. Ihr Erhaltungszustand ist spektakulär. Selbst kleinste Strukturen sind zu erkennen, die schließlich Rückschlüsse auf die Lebensweise zulassen. Bei Käfern sind nicht selten selbst die schillernden Farben der Flügeldecken erhalten geblieben.

Rüsselkäfer

Blattkäfer mit Farberhaltung

Hochzeit fällt ins Wasser

Beeindruckend sind auch die Funde von Ameisen. Dabei handelt es sich fast ausschließlich um geflügelte Geschlechtstiere, die vor 44 Millionen Jahren während des Hochzeitsflugs in den See gefallen sind. Bei einer Art konnten die Königinnen eine Flügelspannweite von über 16 cm erreichen. Seltener sind geflügelte Geschlechtstiere von Termiten gefunden worden. All diese Funde bezeugen ein tropisches Klima.

Ameise
Gesomyrmex
Geschlechtstier

Termite

KRATER-KROKODILE

LAUERJÄGER IM VULKANSEE

Das vielfältige Leben im und am See zog Krokodile an. Mindestens drei Arten sind überliefert.

Am häufigsten ist hierbei *Diplocynodon*, ein alligatorähnliches Tier, das nur knapp über einen Meter Länge erreichte und mit seinen spitzen Zähnen allerlei Wassertiere jagte. Der etwas größere kurzschnautzige *Allognathosuchus* zeichnet sich durch ein Gebiss mit kugelig abgeflachten Zähnen aus, mit denen er vermutlich gepanzerte Beutetiere wie Schildkröten, aber auch Muscheln und Schnecken aufknacken konnte. Der deutlich größere *Pristichampsus* besaß dagegen Zähne mit scharfen Sägekanten. Er jagte auch an Land, wo ihm sicher auch Urpferdchen zum Opfer fielen, die zum Trinken an den See kamen und an den steilen Ufern leichte Beute waren.

KÖRPERLÄNGE
ca. 1,20 m

NAHRUNG
verschiedene Wassertiere

FUN FACT
hatte Steine im Bauch; unklar ist, ob zur Verdauung oder zur Stabilisierung im Wasser

Pristichampsus Oberkieferfragment

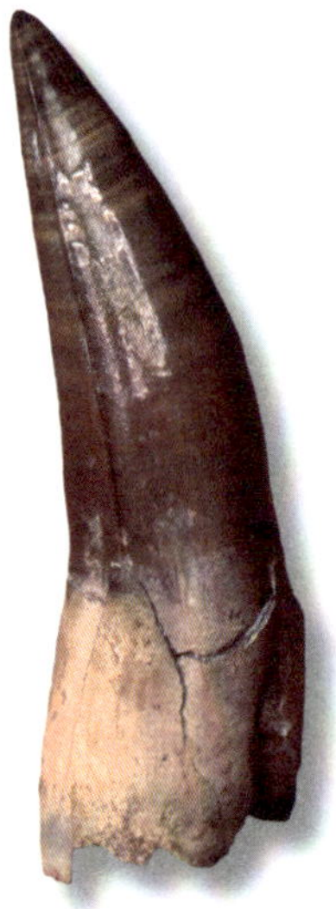

Diplocynodon Zahn
Diplocynodon besaß zwei eng zusammenstehende, verlängerte Zähne in jeder Kieferhälfte, die an die Eckzähne von Hunden erinnern. Daher stammt ihr wissenschaftlicher Name „Zweihundszähner“. Vermutlich waren die Tiere ausgezeichnete Fischjäger, die zudem an Land auf Beutezug gingen.

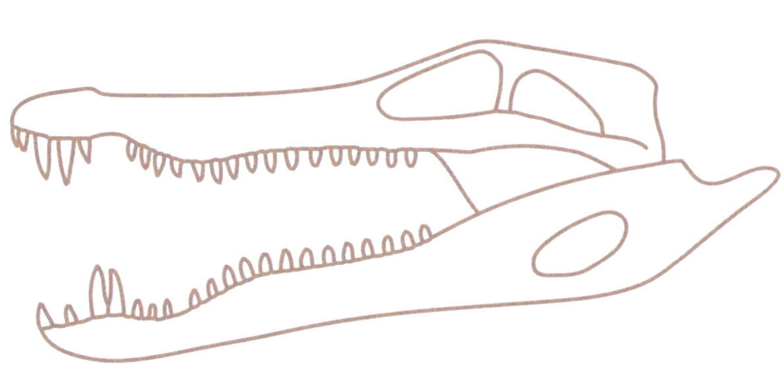

Weichschildkröte *Trionyx*

Speisekarte

Auch von den möglichen Beutetieren der Krokodile gibt es zahlreiche Fossilien. Reste von Wasser- und Sumpfschildkröten sind bekannt. Darunter die Weichschildkröte *Trionyx*, die vermutlich wie heutige Weichschildkröten, Jagd auf Fische und anderen Wassertiere machte.

Barsch *Pararhenanoperca eckfeldensis*

Fische sind die häufigsten Wirbeltiere in den eozänen Ablagerungen. Dominant ist dabei eine kleine Fischgattung namens *Thaumaturus*, gefolgt von dem Barsch *Pararhenanoperca eckfeldensis*. Seltener sind Belege von Schlammfischen und Knochenhechten.

Frosch

Insgesamt ist die im Wasser lebende Tierwelt gut belegt. Es finden sich unter anderem Gehäuse von Wasserschnecken, Schalen von Teichmuscheln, Köcher von Köcherfliegenlarven sowie vollständig erhaltene Wasserläufer. Ebenso in Gewässernähe vorkommende Insekten wie Mücken und Libellen. Nicht überraschend ist, dass im See auch Amphibien heimisch waren, wie Froschskelette beweisen.

Fehlstellen

Erstaunlicherweise sind Vögel nur von sehr wenigen spärlichen Skelettresten und Federn bekannt. Es ist davon auszugehen, dass am und um den See zahlreiche Vogelarten lebten, die jedoch nicht fossil erhalten blieben. Allgemein spiegelt die Fundsituation der eozänen Ablagerungen des Eckfelder Maarsees bei weitem nicht die gesamte Tier- und Pflanzenwelt wider, die einst dort vorkam.

Wasserläufer (oben)

Mücke (unten)

Vogelfedern

MACH MIT! Verschönere deine Stifte oder gestalte deine Urzeit-Welt!

Schneide die Vorlagen aus, knicke sie in der Mitte und klebe sie mit doppelseitigem Klebeband oder Bastelkleber an deine Stifte. Oder du gestaltest mit den Vorlagen Urzeit-Bilder.

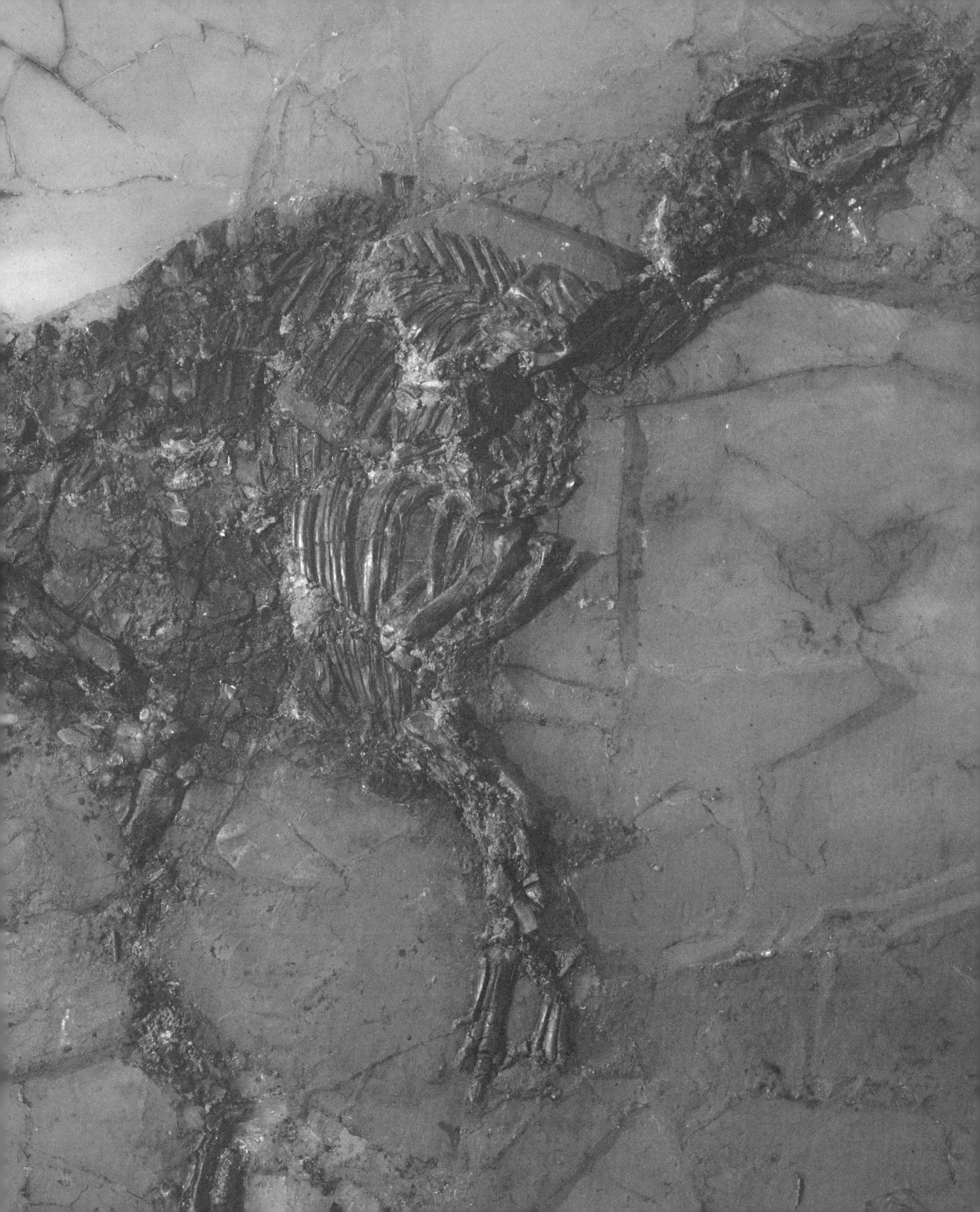

ES WAR AN EINEM TAG IM EOZÄN …

… als dort, wo heute Eckfeld liegt, das Morgenrot einem strahlend blauen Himmel weicht. Warmer Nebel steigt aus dem Urwaldboden. In der Morgensonne surren Honigbienen und metallisch schimmernde Prachtkäfer kriechen im Laub. Der Gesang zahlloser Vögel vereinigt sich zu einem vielstimmigen Morgenkonzert.

Währenddessen macht sich im Unterholz eine Gruppe Urpferdchen auf den Weg zu ihrer Wasserstelle. Die kleine Gruppe aus einer Handvoll Stuten und einigen Fohlen hat es heute nicht eilig. Immer wieder halten sie, um an Kräutern, Beeren und Früchten zu fressen.

Der Weg führt bergan über einen gekrümmten Wall. Auf der anderen Seite liegt der See; still wie ein Spiegel, nur weit draußen kräuseln sich kleine Wellen. Langsam machen die Pferdchen sich an den Abstieg. Nichts regt sich, außer dem Surren der Insekten und dem Rufen der Vögel. Dennoch wird die kleine Gruppe zunehmend wachsamer, denn unten im seichten Wasser lauern oft hungrige Krokodile. Aufmerksam witternd und fluchtbereit, näheren sich die Pferde der Tränke.

Der Hang ist an dieser Stelle steil und die Fohlen bleiben vorsichtig zurück. Eine Stute geht voraus. Gerade als sie den Uferrand erreicht, schwillt ein tiefes Grollen an. Erst leise wie Blätterrauschen, dann immer lauter. Die Erde beginnt zu beben, kurz nur, aber alles erzittert heftig. Hinter der Stute kommt ein kleines Stück des abschüssigen Hanges ins Rutschen. Erde und Uferschlamm bilden plötzlich eine sumpfige Masse. Sie umfließt die Beine der Stute und reißt sie mit sich in die Tiefen des Sees. Der übrigen Gruppe gelingt die Flucht. Im wilden Galopp erklimmen die Tiere den Wall und verschwinden im Blättergewirr, während das tiefe Wasserauge inmitten des Urwalds wieder spiegelglatt ruht.

SEEKÜHE

IM TROPENMEER

Zeitalter

OLIGOZÄN

34 MILLIONEN JAHRE – 23 MILLIONEN JAHRE

GEOGRAPHISCHE LAGE & HAUPTFUNDGEBIETE IN RHEINLAND-PFALZ

KLIMA

Vor 30 Millionen Jahren war das Mainzer Becken von einem artenreichen subtropischen Binnenmeer geflutet.

Im warmen und bis 180 m tiefen Wasser schwammen Schildkröten, Rochen und vielerlei andere Fische. Riesige Haie waren auf der Jagd. Am ufernahen Meeresboden siedelten verschiedenste Muscheln und Schnecken, Korallen und Krebse. Vor den Steilküsten wuchsen Seegraswiesen, in denen Seekühe weideten. An Land schwirrten Kolibris zwischen Palmen, Lorbeergewächsen und Nadelbäumen.

Das Klima war warm, jedoch war bereits ein weltweiter Abkühlungsprozess im Gange. Am Südpol bildeten sich Gletscher.

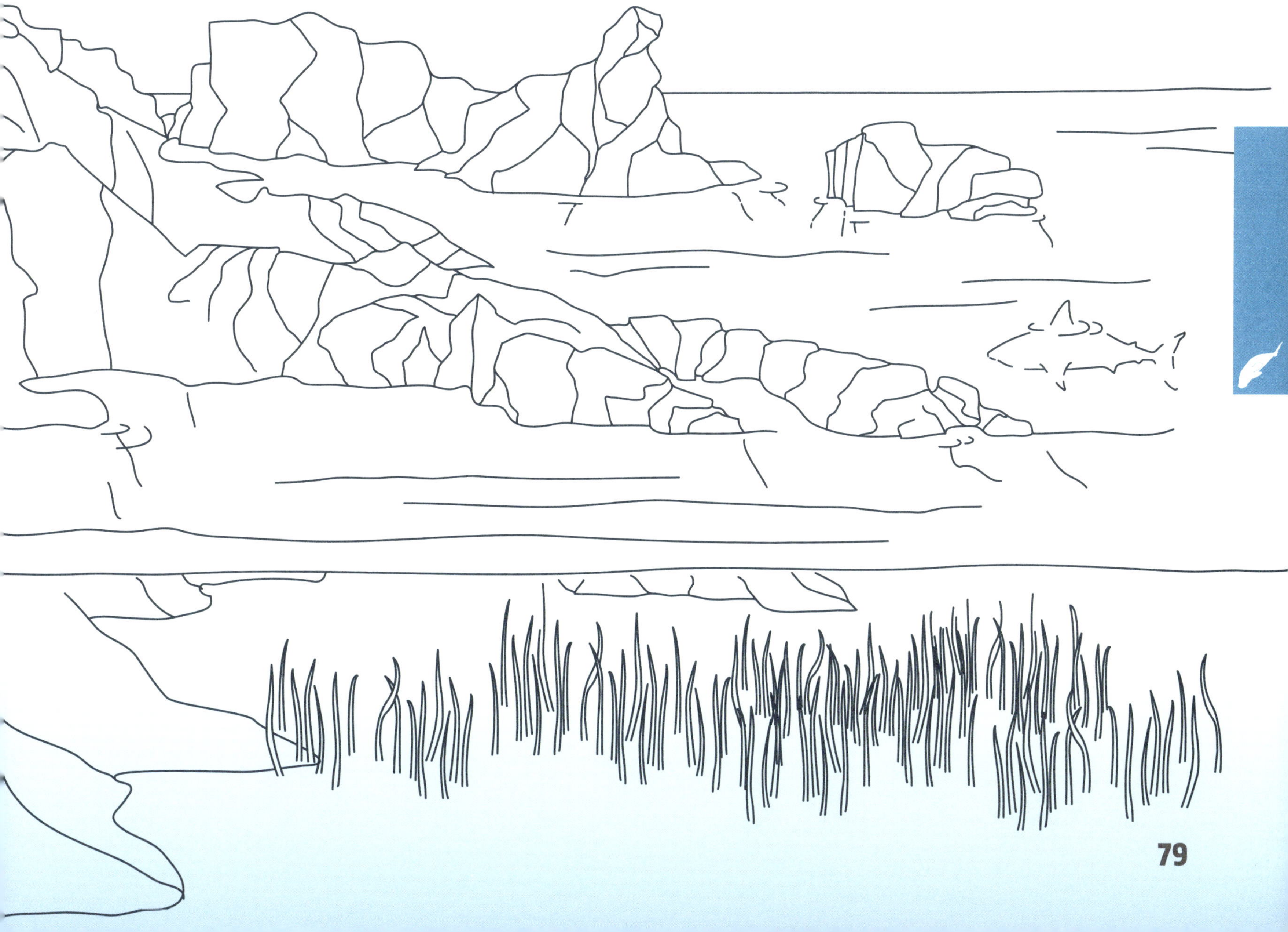

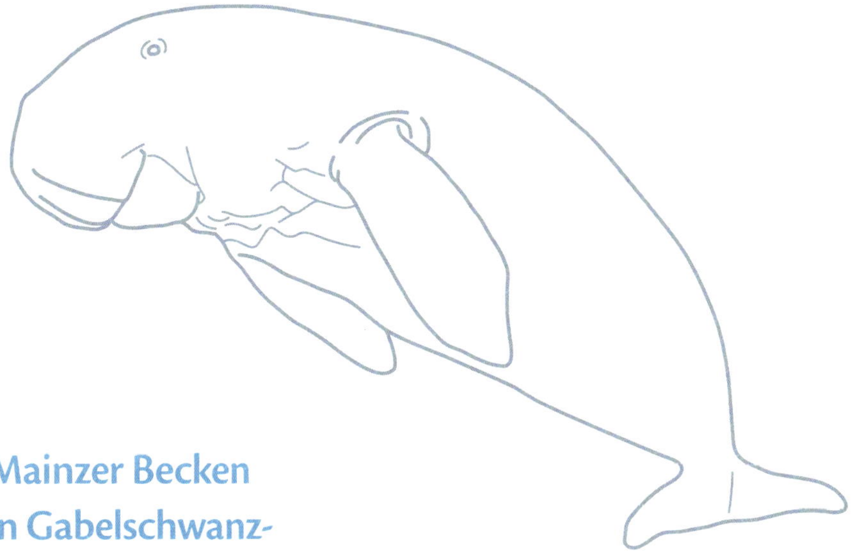

DIE SEEKUH

KAUPITHERIUM SP.

Vor 30 Millionen Jahren schwammen im Mainzer Becken Seekühe. Es waren Verwandte der heutigen Gabelschwanz-Seekuh (Dugong). Neben dem Dugong gibt es heute noch drei Arten von Rundschwanz-Seekühen (Manatis). Die heutigen Seekühe bewohnen die Küstenregionen tropischer Meere oder leben in Flüssen.

KÖRPERLÄNGE
ca. 2,50 m

NAHRUNG
Seegras

FUN FACT
die dichten Knochen sind wie ein Bleigürtel beim Tauchen

Vom Land zurück ins Wasser

Seekühe sind wasserlebende Säugetiere, die sich aus Landtieren entwickelten. Die Vorfahren aller Seekühe waren große Pflanzenfresser, die auf vier Beinen durch urzeitliche Sümpfe stapften. Aus ihnen gingen die Seekühe, sowie ihre nächsten Verwandten, die Elefanten hervor.

Seekühe sind bestens an das Leben im Wasser angepasst: die Vorderbeine wurden zu Brustflossen umgebildet, die Hinterbeine sind reduziert und am Ende der Wirbelsäule hat sich eine waagrecht ausgerichtete Schwanzflosse gebildet, die auf und ab geschlagen wird. Fische dagegen besitzen eine senkrecht ausgerichtete Schwanzflosse und bewegen sich schlängelnd fort.

Die Knochen der Seekühe, vor allem die Rippen, sind äußerst massiv. Das hohe Knochengewicht gleicht den Auftrieb aus, der durch die mit Atemluft gefüllten Lungen entsteht und funktioniert damit wie ein Bleigürtel. So können die Tiere einfacher am Gewässergrund grasen.

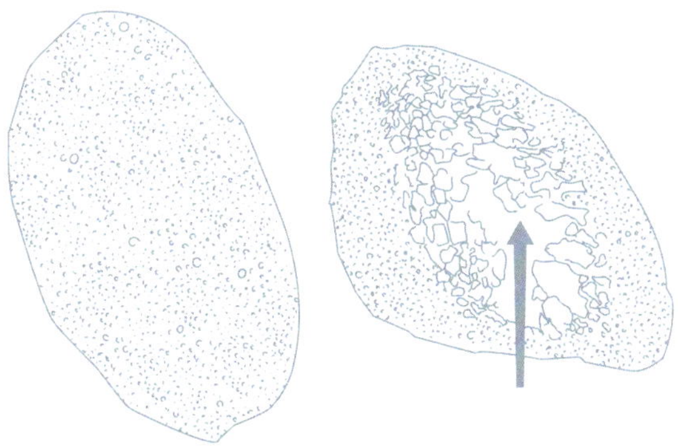

links: Rekonstruktion eines *Kaupitherium* sp. im Naturhistorischen Museum Mainz

Bei den meisten Tieren findet sich im Knocheninneren eine stabile, aber leichte Bälkchenstruktur (Spongiosa). Seekuh-Knochen sind dagegen dichter gebaut und deutlich schwerer.

Knochenrätsel

Seekuh
Kaupitherium

Das hier gezeigte montierte Seekuhskelett stammt aus dem Mainzer Becken. Es wurde fern vom Ufer im tieferen Gewässerbereich eingebettet, wo es ungestört von Wellenbewegung oder Aasfressern schnell von feinem Tonschlamm bedeckt werden konnte. So blieben alle Knochen unversehrt in ihrem anatomischen Zusammenhang erhalten (heute fehlende Knochen gingen im 2. Weltkrieg verloren).

Am Boden der Vitrine ist dagegen eine Fundsituation nachgestellt, wie sie bei einer Einbettung im ufernahen Bereich typisch ist. Hier sind die Skelette meist unvollständig und alles liegt durcheinander. Starker Wellenschlag, sandiger Grund mit zahlreichen Bewohnern, die im gut durchlüfteten Uferwasser beste Lebensbedingungen vorfanden, bewirkten, dass die Knochen verstreut wurden.

Diesen Knochenmix wieder zusammen zu bekommen, ist oft keine leichte Aufgabe. Dabei hilft im günstigsten Fall der Vergleich mit vollständigen Skeletten von Individuen der gleichen Art oder, wenn diese nicht vorhanden sind, von ähnlichen Arten.

MACH MIT!
Verbinde die Zahlen!

Marine Mitbewohner

Im tropischen Meer des Oberrheingrabens und der weiträumigen Bucht des Mainzer Beckens mit ihren vorgelagerten Inseln entfaltete sich ein artenreiches Meeresleben. Funde von Korallen, Seeigeln und anderen Meerestieren beweisen, dass damals ein mariner Lebensraum existierte. Insgesamt sind heute rund 500 Arten bekannt, die vor allem die sauerstoffreichen und sonnendurchfluteten Küstenbereiche bewohnten.

Vor rund 30 Millionen Jahren reichte das subtropische Meer des Oberrheingrabens über die Hessische Senke bis in das Nordmeer und endete im Süden bei Basel. Heute überdeckt der Vogelsberg-Vulkan mit seinen Gesteinen große Teile dieses Meeresarms, der bei einer Länge von fast 500 km nur 30–40 km breit war.

In den Ablagerungen nahe der mit Austern, Seepocken und Korallen bewachsenen Felsküste finden sich zahlreiche Schnecken- und Muschelarten, die den Küstenboden bevölkerten. Besonders häufig sind die dickschaligen Meermandeln. Daneben gibt es Haizähne in großen Mengen, Kauplatten und Stachel verschiedener Rochen und sogar Kiemenreusenstrahlen planktonfressender Riesenhaie.

Aus anderen Fundstellen stammen zahlreiche vollständige Fischskelette, unter anderem von Makrelen, Brassen, Thunfischen und Stachelrochen. Insgesamt wurden bislang über 100 Fischarten nachgewiesen.

Planktonfressender Riesenhai
Cetorhinus parvus
Kiemenreusenstrahlen

Schau genau!

Viele Bewohner der Meere sind Muscheln und Schnecken. Diese beiden Gruppen werden oft verwechselt. Hier die wichtigsten Tipps zur Unterscheidung:

Muschel

- Schale aus zwei Klappen
- In der Regel symmetrisch (Ausnahme: z. B. Austern)

Achtung: Meist werden nur Einzelklappen gefunden!

Schnecke

- Einteiliges Gehäuse
- In der Regel spiralig (Ausnahme: z. B. Nacktschnecken, Napfschnecken…)

Granulolabium plicatum

Meermandel
Glycymeris (Glycymeris) angusticostatus

Unzählige Schubladen beherbergen mit tausenden Gesteinen, Mineralen und Fossilien den geowissenschaftlichen Teil der Sammlung.

WARUM SAMMELN WIR?

Naturkundliche Museen zeigen in ihren Ausstellungen meist nur einen kleinen Teil von dem was hinter den Kulissen in den Sammlungen verborgen ist. Im Naturhistorischen Museum Mainz (nhm) sind von insgesamt rund 1,5 Millionen Objekten nur etwa 3.000 Objekte ausgestellt.

Die Sammlung, die zu einem großen Teil aus Objekten der Landessammlung für Naturkunde Rheinland-Pfalz besteht, ist die größte naturwissenschaftliche Sammlung des Bundeslandes. Durch Grabungsarbeiten und Geländeforschungen sowie durch weitere Zugänge, z. B. aus Privatsammlungen wächst sie stetig weiter. Was nicht ausgestellt ist, lagert in Schränken, Regalen und großen Schieberegalanlagen.

Dieses stetige Sammeln und bewahren von Objekten erfolgt jedoch keinesfalls aus reiner Sammelleidenschaft. Stattdessen sind die Objekte eine wichtige Grundlage für die Forschung. Naturkundliche Sammlungen sind Datenbanken der Natur, die in der heutigen Zeit des massiven Artenrückgangs immer bedeutender werden. Mit den Naturobjekten der Sammlung können Entwicklungen in der Erdgeschichte rekonstruiert werden, die Informationen über Prozesse geben, mit denen zukünftige Tendenzen, wie Klimawandel und Folgen des Artensterbens abgeschätzt werden können. Zudem geben Naturobjekte aus historischer Zeit Auskunft über Populationsentwicklung und Verbreitung von Tier und Pflanzenarten, die wichtig sind, um Vorhersagen für die Zukunft zu treffen.

Die Objekte werden regelmäßig auf potentielle Schäden überprüft.

Manche Stücke, wie die hier gezeigten Gesteine, Pflanzen und Amphibien, sind zu groß und zu schwer für Schubladen und bedürfen besonderer Unterbringung.

Naturkundliche Museen wie das nhm halten mit ihren Sammlungen eine wichtige Forschungsinfrastruktur aufrecht, die von Wissenschaftlerinnen und Wissenschaftlern der ganzen Welt genutzt wird. Um die unzähligen Objekte hierfür zugänglich zu machen, müssen sie sorgfältig inventarisiert werden. Jedes Objekt erhält daher eine in der ganzen Welt unverwechselbare Nummer. Damit die Objekte mit ihren wertvollen Daten auch noch für spätere Generationen erhalten und nutzbar bleiben, ist stetige Pflege und regelmäßige Kontrolle eine der Hauptaufgaben bei der Sammlungsbetreuung.

Jedes Fossil braucht die passende Pflege. Insektenfunde aus Eckfeld müssen zum Beispiel ständig in Glycerin aufbewahrt werden. Der Tonstein und mit ihm das fragile Fossil würden sonst zerfallen.

DER RIESENZAHN-HAI

CARCHAROCLES ANGUSTIDENS

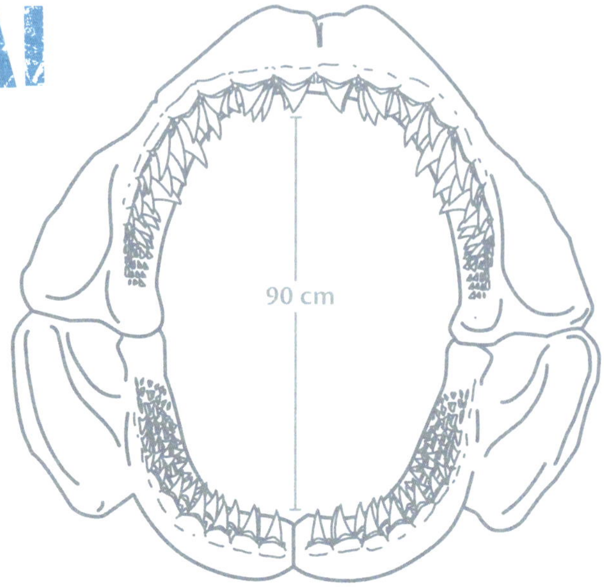

Der beeindruckendste Jäger des Mainzer Beckens war der Hai *Carcharocles angustidens*. Mit rund 11 m Körperlänge gehört er zu den größten Haien aller Zeiten. Heutige Weiße Haie erreichen maximal 7 m.

Jäger ohne Knochen

Haie besitzen keine Knochen, sondern ein knorpeliges Skelett, das kaum fossil erhalten bleibt. Dies gilt jedoch nicht für die Zähne. Sie werden in großen Mengen gefunden, denn Haie besitzen viele Zähne, die jedoch nicht sehr fest im Kiefer verankert sind. Sie fallen schnell aus, werden aber lebenslang ersetzt. So kann ein einziger Hai im Laufe seines Lebens hunderte oder sogar tausende von Zähnen verlieren.

Die Form der Zähne variiert von Haiart zu Haiart. Die bisher gefundenen fossilen Zähne belegen, dass im Mainzer Becken mindestens 23 verschiedene Hai-Arten schwammen.

Haie streifen seit über 400 Millionen Jahren durch die Meere, teils auch durch Flüsse und Seen. Sie jagten urzeitliche Panzerfische im Devonmeer, Seekühe im Mainzer Becken und zählen auch heute zu den Topjägern der Meere.

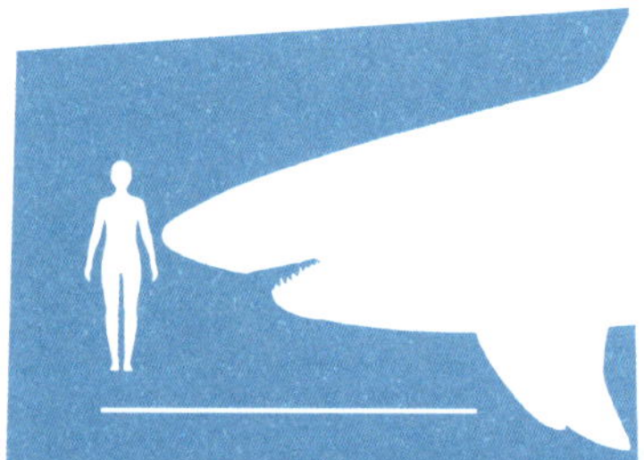

KÖRPERLÄNGE
11 m

NAHRUNG
Seekühe und andere Wassertiere

FUN FACT
der größte *Carcharocles*-Zahn im Naturhistorischen Museum Mainz ist 8,5 cm lang

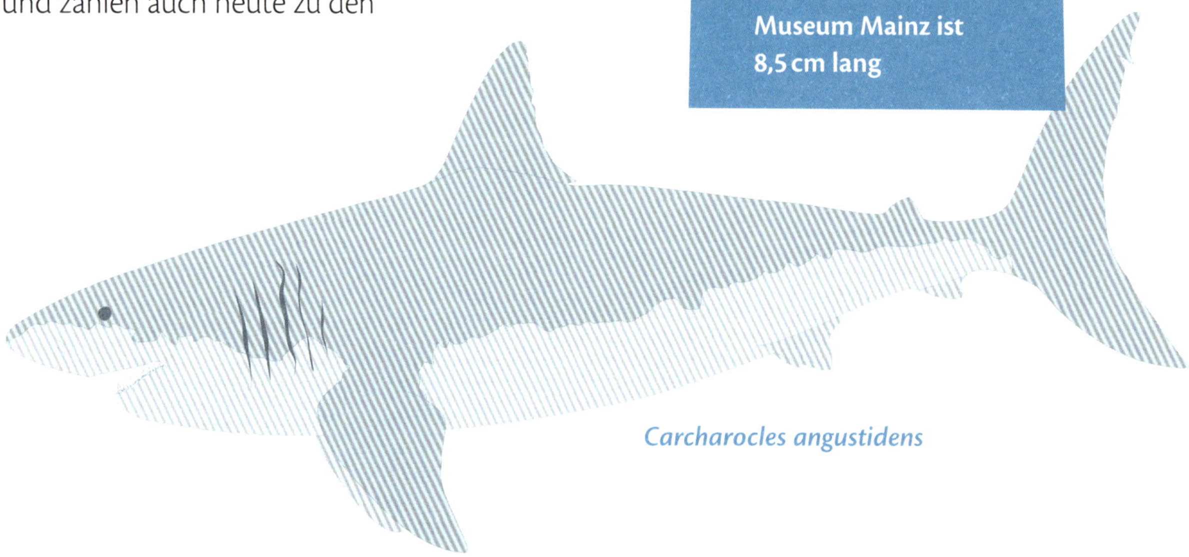

Carcharocles angustidens

Revolvergebiss

Haie besitzen ein mehrreihiges Gebiss aus wurzellosen Zähnen, das lebenslang erneuert wird. Hinter den Zähnen, die gerade im Gebrauch sind, liegen weitere Zahnreihen mit Ersatzzähnen in unterschiedlichen Entwicklungsstadien. Fällt ein Zahn aus, wird er aus diesem „Magazin nachgeladen".

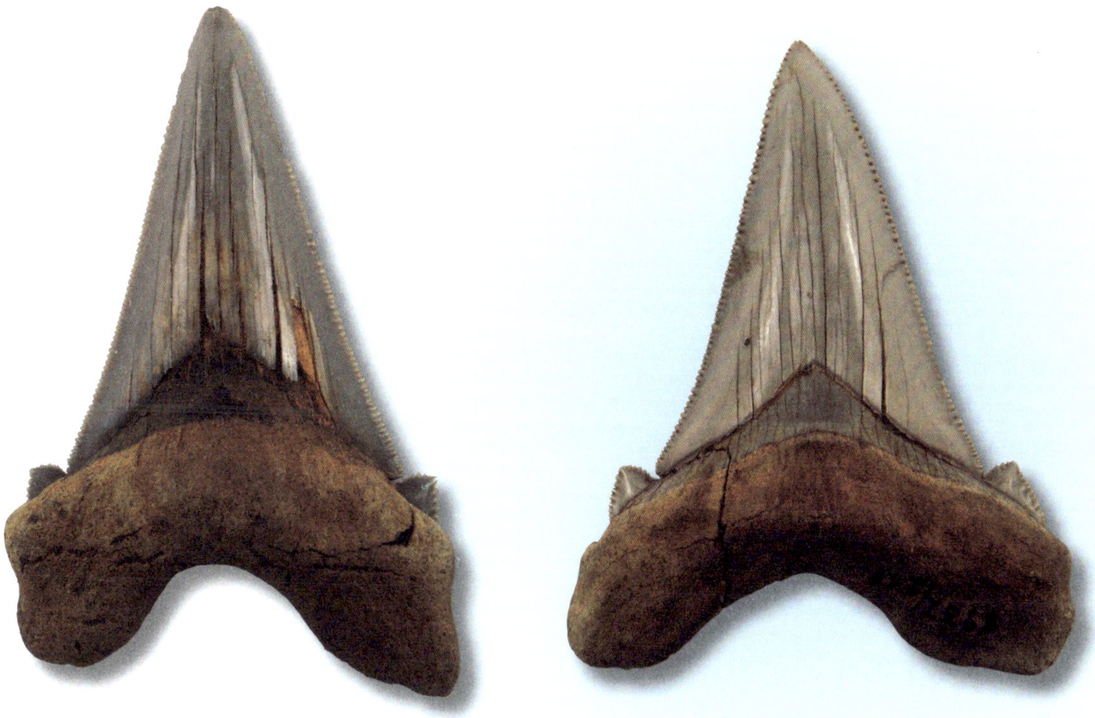

Zähne von *Carcharocles angustidens*

Physogaleus latus

Carcharias acutissimus

Notorynchus primigenius

DIE WATTSCHNECKE

HYDROBIA INFLATA

KÖRPERGRÖSSE
max. 5 mm

NAHRUNG
Kleinstlebewesen

FUN FACT
Der Name „inflata" kommt von „aufgebläht"

Gegen Ende des Oligozän begann der Meeresspiegel weltweit zu sinken. Auch das Meer im Oberrheingraben veränderte sich: die Verbindung zum Nordmeer wurde unterbrochen und es entstand ein Binnenmeer mit niedrigem Salzgehalt.

Vor rund 25 Millionen Jahren war das Mainzer Becken nur noch flach überflutet. Entlang seiner Grenze zum tieferen Oberrheingraben entwickelten sich Algenriffe und bildeten eine Barriere, die den Wasseraustausch einschränkte. Mit der Zeit wurde die Barriere durch die Anlagerung von kalkhaltigem Sediment zu einer mehrere Kilometer breiten Plattform. Heute gibt es solche Plattformen z. B. auf den Bahamas.

Artenarmes Algenriff

Das Leben im subtropischen Flachwasser auf der Plattform war reich an Individuen aber arm an Arten. Denn diese Arten mussten im salzarmen Meerwasser (Brackwasser) überleben, gleichzeitig aber auch starke Schwankungen des Salzgehaltes aushalten, die durch den eingeschränkten Wasseraustausch hinter der Riffbarriere entstanden.

Wer diese Lebensbedingungen meisterte, konnte sich massenhaft vermehren, da es nur wenig Konkurrenz gab. Ein Beispiel hierfür sind kleine Wattschnecken (Hydrobien).

Gesteine in denen die Schnecke *Hydrobia* in Massen auftritt, werden auch als Mainzer Schneckenstein bezeichnet. Den Namen verdankt dieses teil meterdicke Gestein seinem häufigen Vorkommen im Untergrund von Mainz.

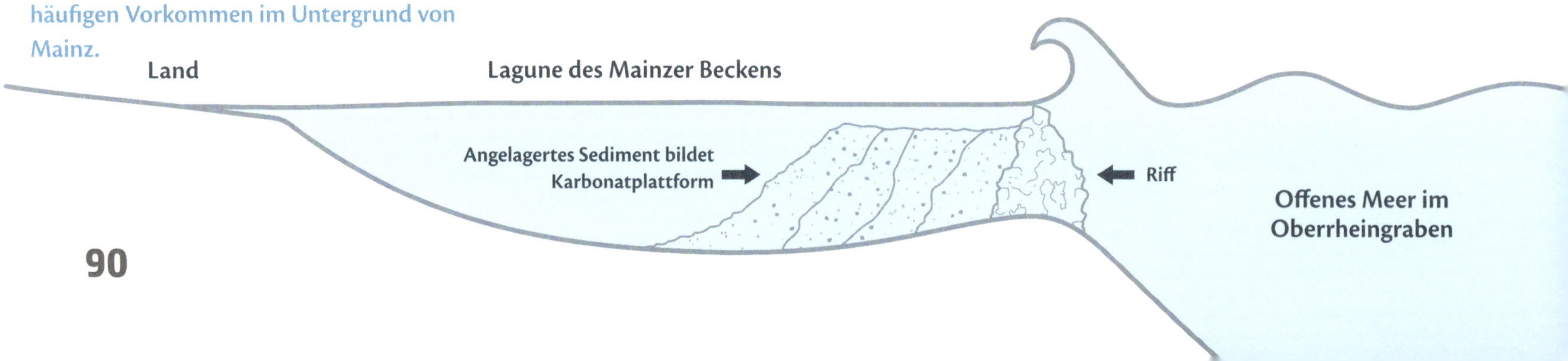

Tod in der Lagune

Im Laufe der Jahrmillionen dehnte sich die Plattform immer weiter aus. Dadurch wurde die Lagune im Mainzer Becken stetig kleiner und flacher. Stürme, heftige Regenfälle oder Hitzeperioden verursachten immer wieder starke Schwankungen von Wassertemperatur, Salz- und Sauerstoffgehalt. Gelegentlich kam es zu Algenblüten, deren giftige Stoffwechselprodukte Massensterben von Fischen auslösten.

Diese Sandfische (*Notogoneus longiceps*) starben in Folge einer Algenblüte.

Schinkenmuschel
Isognomon sp

Körbchenmuschel
Falsocorbicula faujasii

Nashorn
Proaceratherium sp.
Oberkiefer-Zahnreihe

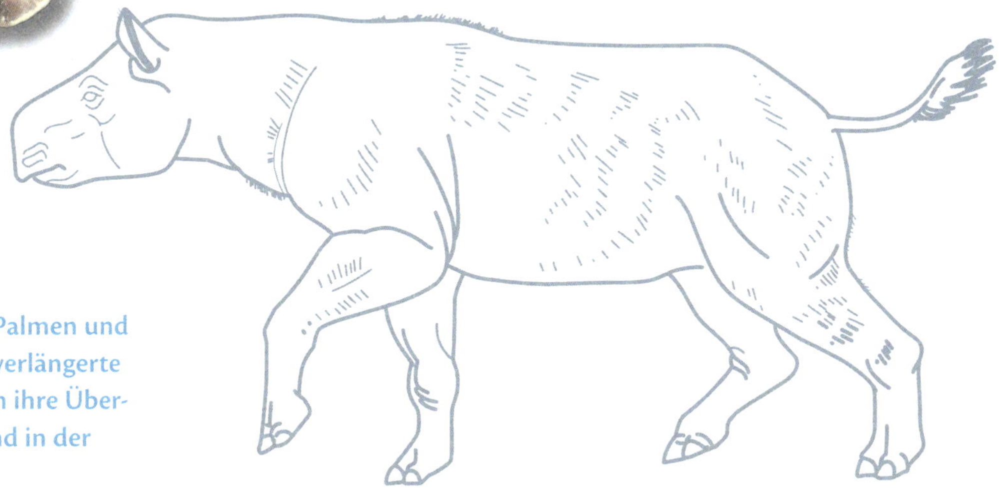

An den Ufern der Lagune weideten unter Kiefern, Palmen und Zimtbäumen Nashörner, die kein Horn, aber zwei verlängerte untere Schneidezähne besaßen. Manchmal wurden ihre Überreste von den Ufern oder über Flüsse eingespült und in der Lagune abgelagert.

ES WAR AN EINEM TAG IM OLIGOZÄN ...

... als dort, wo heute Mainz liegt, einer der heißen Sommertage beginnt, an denen mittags die Luft über dem weißen Sandstrand flirrt. Jetzt am Morgen, die kristallklaren Wellen schlagen träge gegen den Strand, streicht eine kühlende Brise durch die Palmen.

Im flachen Wasser der Sandbucht wachsen ausgedehnte Seegraswiesen. Schon seit dem ersten Morgenlicht weidet hier eine Gruppe Seekühe ruhig im frischen Grün. Zwischen den Halmen wimmeln zahlreiche Fischarten und ab und zu kommt eine Schildkröte vorbei. Meist sind die massigen Meeressäuger in den Seegraswiesen aber unter sich.

Ein Tier hält sich etwas abseits der Gruppe. Es ist ein trächtiges Weibchen, bei dem die Geburt ansteht. Instinktiv hat es einen geschützten Ort in Ufernähe gewählt. Denn während der Geburt sind Mutter und Kind schutzlos und seit gestern schwimmt in der offenen See vor der Bucht ein riesiger Hai. Diese schnellen Jäger verirren sich nur selten in den flacheren Teil des Kontinentalmeers, aber wenn doch einer auftaucht, gibt es Ärger im Paradies.

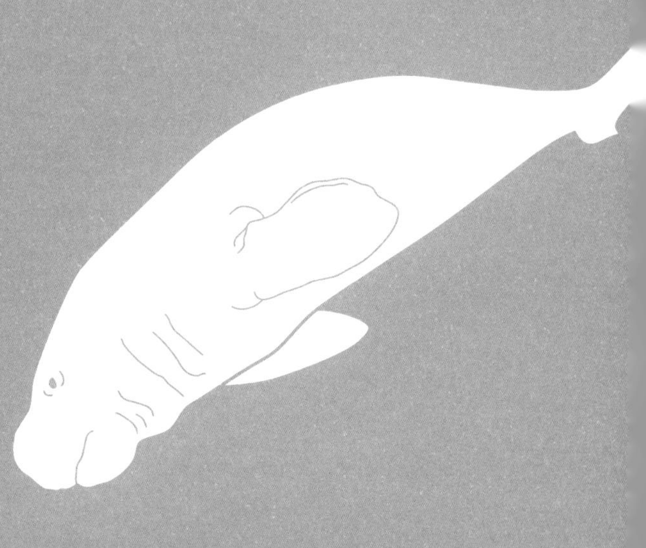

DAS SCHRECKENS-TIER

AM UR-RHEIN

Zeitalter

MIOZÄN

23 MILLIONEN JAHRE – 5,3 MILLIONEN JAHRE

GEOGRAPHISCHE LAGE & HAUPTFUNDGEBIETE IN RHEINLAND-PFALZ

KLIMA

Vor 10 Millionen Jahren floss der Ur-Rhein quer durch Rheinhessen. Galeriewälder säumten die Ufer. Im Hinterland lag eine offene Waldlandschaft.

Der Ur-Rhein floss in einem breiten Tal. Das Wasser strömte mit geringer Geschwindigkeit in mehreren Flussrinnen, die von Sandbänken und kleinen Inseln durchzogen waren.

Die Pflanzenwelt glich bereits unserer heutigen Flora. Die Tierwelt war dagegen exotisch und fremdartig. Entlang der Flussufer lebten unter anderem Nashörner, Tapire und Waldantilopen. Besonders eindrucksvoll war der Hauerelefant *Deinotherium giganteum*. Sein Name bedeutet „riesiges Schreckenstier".

Weltweit war das Klima wärmer als heute, aber es war ein Abkühlungsprozess im Gange. Die Temperatur lag am Ende des Miozän etwa bei heutigen Werten.

DER HAUERELEFANT

DEINOTHERIUM GIGANTEUM

KÖRPERHÖHE
bis 4,50 m

NAHRUNG
Blätter

FUN FACT
Wappentier des Naturhistorischen Museums Mainz

Eines der imposantesten Tiere seiner Zeit war *Deinotherium giganteum*. Aufgrund der Form der im Unterkiefer sitzenden, nach hinten gebogenen Stoßzähne werden die Tiere auch als Hauerelefanten bezeichnet.

Mit unseren heutigen Elefanten sind sie nur entfernt verwandt. Muskelansatzstellen am Schädel zeigen, dass Hauerelefanten einen Rüssel hatten. Es ist jedoch umstritten, wie lang dieser war. Sicher ist nur, dass die Tiere mit der Rüsselspitze den Boden erreichen mussten, um trinken zu können. Wozu die charakteristischen Stoßzähne benutzt wurden, ist ungewiss.

Die Ursprünge der Deinotherien liegen in Afrika. Von dort aus wanderten sie nach Asien und Europa ein. Im Laufe der Zeit entwickelten sich immer größere Arten. Durch die Größenzunahme konnten die Tiere auch das Laub hoher Äste erreichen. Und als Beute waren erwachsene Hauerelefanten selbst für die Top-Räuber eine Nummer zu groß.

Die letzten europäischen Arten starben vor ca. 3,5 Millionen Jahren aus. Grund könnte eine Klimaveränderung gewesen sein. Die globale Abkühlung verursachte die Ausbreitung von Steppen und stärkere jahreszeitliche Schwankungen. Womöglich standen die benötigten großen Futtermengen dadurch nicht mehr ganzjährig zur Verfügung.

Bild links:
Lebensgroße Rekonstruktion eines *Deinotherium giganteum* im Naturhistorischen Museum.

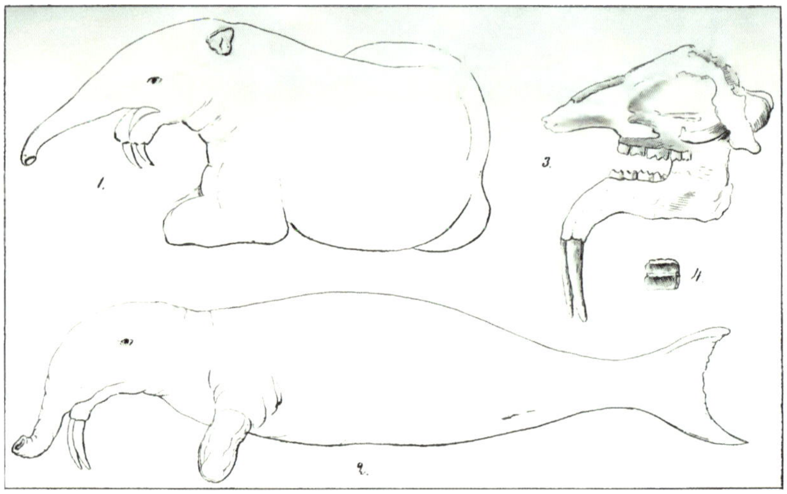

Die Forscher nahmen damals an, dass *Deinotherium* teils im Wasser lebte und sich mit den Stoßzähnen an Land zog und am Ufer festhakte! (Zeichnung aus Pictet 1844)

Falsch gepuzzelt

Am Beispiel des Hauerelefanten zeigt sich, dass Wissenschaft ein fortlaufender Prozess ist. Bei der Erstbeschreibung des bis dahin unbekannten Tieres im Jahr 1828 lagen nur einzelne Zähne und Kieferbruchstücke vor. Sie wurden irrtümlich so kombiniert, dass die Stoßzähne nach oben zeigten. Erst mit dem Fund eines intakten Unterkiefers wurde dieser Irrtum korrigiert. Auch über den Körperbau konnte aufgrund spärlicher Fossilfunde nur spekuliert werden.

Verwandtschaft mit Rüssel

Neben Hauerelefanten lebten im Laufe des Miozäns noch weitere Rüsseltiere am Ur-Rhein. Eines von ihnen war *Tetralophodon*. Die bis zu 3 m hohen, massigen Tiere hatten vier Stoßzähne. Wozu sie dienten, ist bis heute ein Rätsel. *Tetralophodon* teilte sich den Lebensraum mit den Hauerelefanten. Der Bau der Backenzähne zeigt, dass beide Blätter fressen konnten. *Tetralophodon* ist jedoch deutlich näher mit unseren heutigen Elefanten verwandt als *Deinotherium*, wie der Stammbaum zeigt.

Das im Naturhistorischen Museum Mainz ausgestellte Exemplar besitzt besonders lange Stoßzähne. Daher wird diskutiert, ob es daher zu einer eigenen Art oder sogar zu einer eigenen Gattung *(Stegotetrabelodon gigantorostris)* gestellt werden muss.

Deinotherium giganteum
Backenzahn von oben

Tetralophodon longirostris
Unterkiefer-Fragment eines erwachsenen Tieres

STAMMBAUM

Vereinfachte Darstellung der Verwandtschaftsverhältnisse von in Rheinland-Pfalz nachgwiesenen fossilen Rüsseltieren sowie der heute lebenden Arten

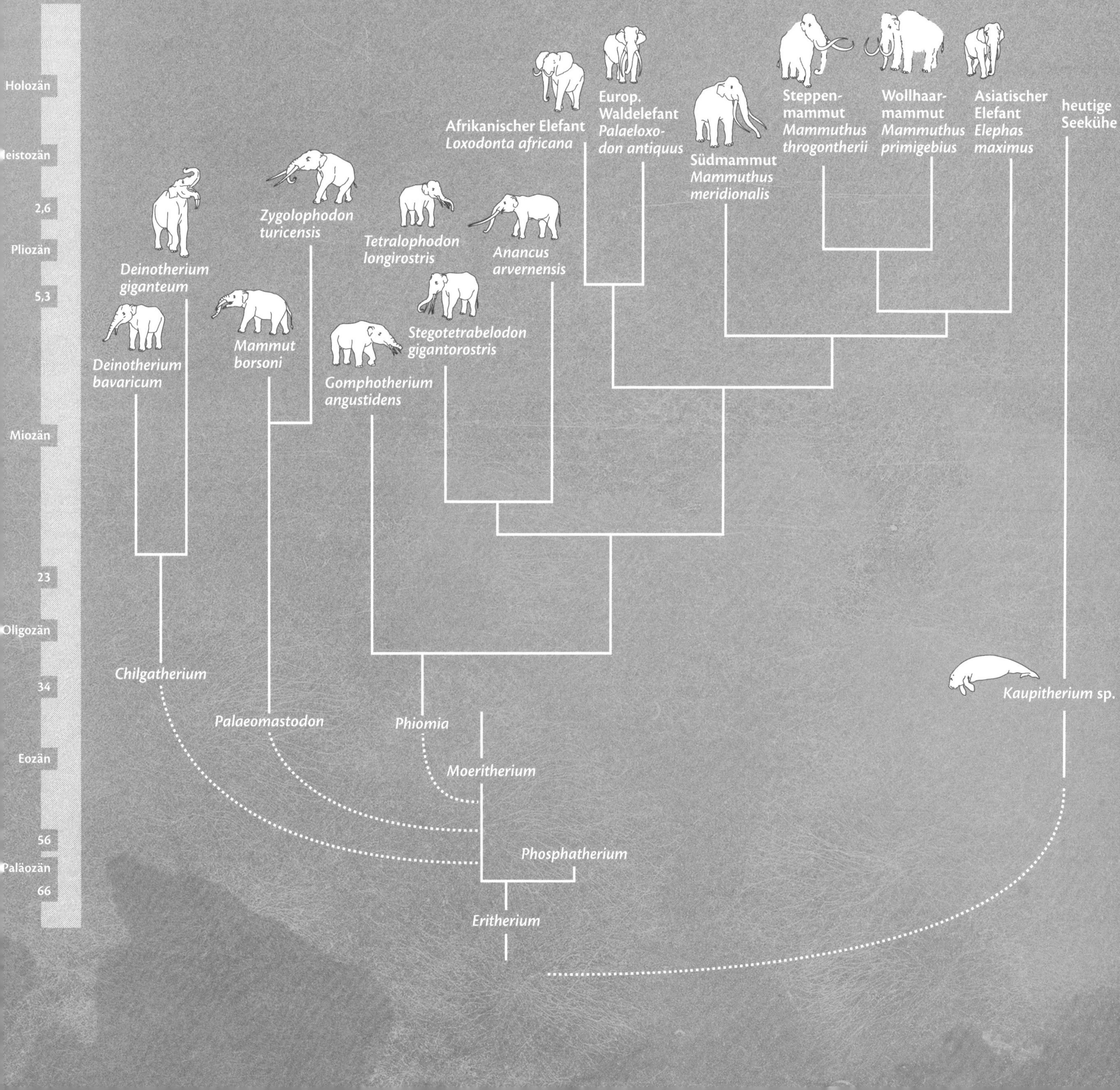

WOHER WISSEN WIR, DASS AM UR-RHEIN HAUERELEFANTEN LEBTEN?

Vor rund 15-10 Millionen Jahren floss der Rhein weiter westlich als heute. Zwischen Worms und Bingen zeugen eine Reihe von Sand- und Kies-vorkommen vom Verlauf dieses Ur-Rheins.

Ablagerungen von Flüssen und Seen gehören zu den Gesteinstypen, in denen Fossilien vorkommen können. Sie erzählen uns, wie das Leben an den Ufern dieser Gewässer aussah. Doch um sie zu finden, richtig zu bergen und zu interpretieren, müssen Experten ans Werk.

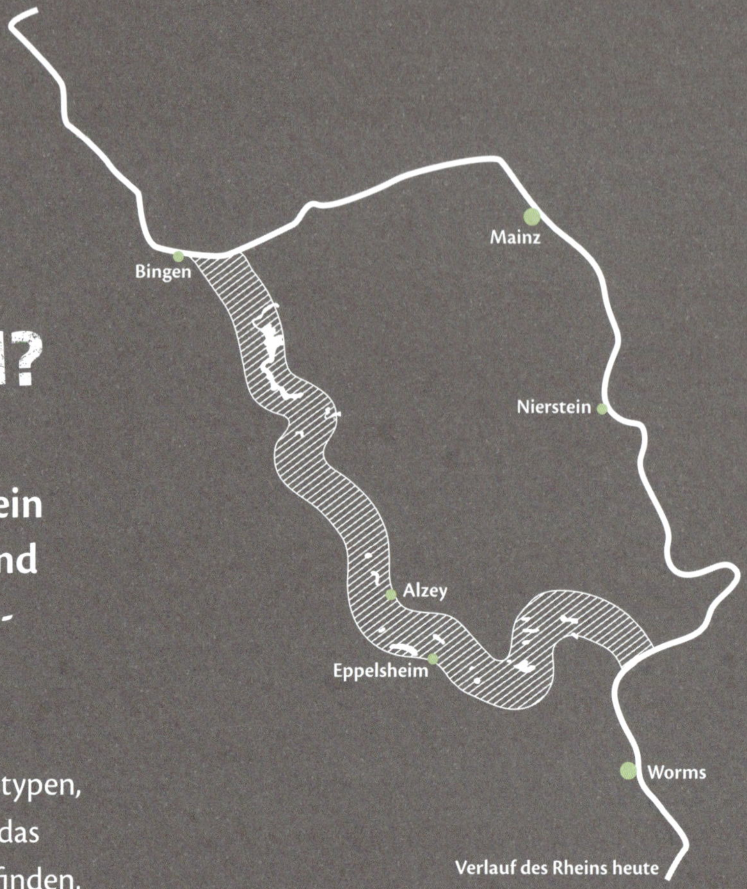

Ur-Rhein-Verlauf im heutigen Rheinhessen

heute noch erhaltene Ablagerungen des Ur-Rheins

Verlauf des Ur-Rheins vor 10 Millionen Jahren

Die Grabungsstelle Eppelsheim im Jahr 2019

Schatzsuche im Sand

Eine der bekanntesten Fundstellen von Ur-Rhein-Ablagerungen liegt bei Eppelsheim. Seit über 100 Jahren werden hier immer wieder Fossilien gefunden. Dabei kamen wahre Schätze für die Wissenschaft ans Licht.

Seit rund 20 Jahren führt das nhm die wissenschaftlichen Grabungen in Eppelsheim durch. Jährlich arbeitet sich in den Sommermonaten ein Grabungsteam durch die Ur-Rhein-Ablagerungen. Schicht für Schicht legen sie die ehemalige Flussrinne frei. Die Fossilien, die dabei geborgen werden, sind oft nur Bruchstücke, isolierte Knochen oder Zähne. Dies ist typisch für Flussablagerungen, denn kaum ein Stück übersteht den Transport durch das Flussbett unbeschadet. Aber jedes noch so unscheinbare Fragment ist für die Wissenschaft bedeutsam, da es Informationen aus Jahrmillionen enthält.

Digitales Puzzle

Die wissenschaftliche Arbeit beginnt schon im Gelände. Die Flussablagerungen und Fossilien werden genau dokumentiert und digital erfasst, bevor sie ausgegraben werden. Mit geologischen Profilen, senkrechten Schnitten durch die Ablagerungen, wird die Lage der Sedimentschichten festgehalten. So entsteht ein digitales 3D-Modell des Flusslaufes mit der exakten Position jedes Fossils.

Die Forscher fügen diese Daten wie Puzzleteile zu einem Bild zusammen und klären Fragen wie diese: Wo und wie floss der Rhein? Wie sah die Landschaft aus? Welche Tiere lebten wirklich gleichzeitig und was hat der Fluss nur zusammengespült?
So können wir den Verlauf des Ur-Rheins und das Leben an seinen Ufern rekonstruieren.

Die Grabung mit schematischem Verlauf des Ur-Rheins

MITBRINGSEL UND FINGERABDRÜCKE

UR-RHEIN-GERÖLLE

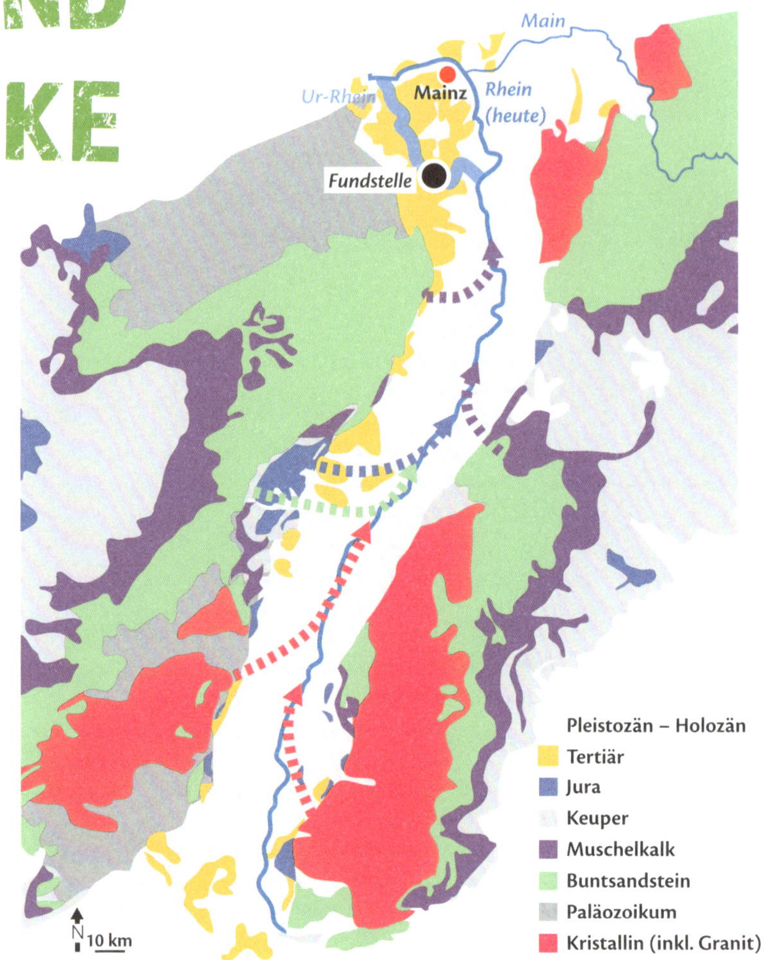

Flüsse transportieren eine bunte Mischung all dessen, was sich entlang ihrer Ufer befindet. Je länger der Transportweg ist, desto kleiner und runder werden diese Mitbringsel. Zum einen erfolgt die Zerkleinerung mechanisch, zum anderen werden auf chemischem Weg Bestandteile gelöst.

Dabei werden auch Schwerminerale frei. Das sind – vereinfacht ausgedrückt – Minerale, die schwerer sind als Quarz; zum Beispiel Zirkon, Granat oder Hämatit.

Das Spektrum an Schwermineralien ist wie der Fingerabdruck eines Gesteins. Der Abgleich solcher „Fingerabdrücke" liefert somit Hinweise auf den Weg eines Flusses.

Mitbringsel und „Fingerabdrücke" im Ur-Rhein verraten, dass dieser damals irgendwo zwischen südlichem Schwarzwald und Vogesen entsprang und rund 400 km Länge erreichte. Heute beträgt die Länge des Rheins 1232 km und sein Quellgebiet liegt in den Schweizer Alpen.

SELTENES SOUVENIR

Große Gebiete des Schwarzwalds und der Vogesen bestehen aus **roten Graniten**. Granit-Gerölle sind in den rheinhessischen Ablagerungen des Ur-Rheins aber sehr selten. Feldspat, der Hauptbestandteil von Granit, verwitterte im feucht-warmen Klima rasch und nur die übrigen Bestandteile, wie Quarzkörner, Glimmerschüppchen und Schwerminerale, wurden weiter transportiert.

GRUSS AUS DEN VOGESEN

Diese **Sandsteine** und **Konglomerate** stammen aus den Vogesen. Nach Verwitterung und langem Transport bleiben häufig nur die stabilsten Bestandteile zurück, zum Beispiel weiße **Milchquarze**, **grau-braune Quarzite** und **dunkle Hornsteine**.

KURZREISENDE

Solche **Kalkschotter** stammen aus dem Tertiärmeer und sind Zeugen des letzten Meeresvorstoßes in Rheinland-Pfalz. Sie wurden bei Hochwasser in Uferbereichen gelöst und nach kurzer Strecke wieder abgelagert.

KIESELOOLITHE

Oolithe entstehen, wenn sich um Sandkörnchen viele dünne Kalkschichten bilden. Normalerweise bilden sie sich im Meer. Die gezeigten Oolithe sind besonders hart, da hier der Kalk in Quarz umgewandelt wurde. Sie könnten aus Ablagerungen des Jurameeres stammen, wie sie zum Beispiel am Rand der Vogesen vorkommen.

ANDENKEN VOM MEERESGRUND

Diese seltenen Funde sind Reste von Geröllen aus Trochitenkalk vom Haardtrand. Dieses Gestein besteht fast völlig aus fossilen Seelilien-**Stielgliedern** (Trochiten) **der Seelilie *Encrinus liliiformis***, die vor rund 235 Millionen Jahren in großer Zahl am Meeresgrund lebte. Chemische Verwitterung löste die Gesteinsmasse zwischen den einzelnen Stielgliedern auf, so dass diese lose übrig blieben.

DAS HIRSCHFERKEL

DORCATHERIUM NAUI

Hirschferkel sind weder Hirsche noch Schweine. Die kleinen Paarhufer sind die urtümlichste Familie der Wiederkäuer und besitzen weder Geweihe noch Hörner. Männliche Hirschferkel haben jedoch stark verlängerte Eckzähne im Oberkiefer. Die ausgestorbenen Formen benutzten diese wohl ebenso wie die heutigen Tiere als Imponierwaffe und beim Kampf um Weibchen.

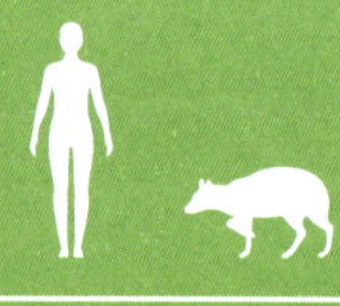

KÖRPERHÖHE
50 cm

NAHRUNG
Blätter

FUN FACT
kann gut tauchen

Laubliebhaber

Heutige Hirschferkel leben als Einzelgänger im dichten Unterholz und fressen neben jungen Trieben und Blättern gerne Früchte. Bei fossilen Hirschferkeln standen vermutlich ebenfalls häufig Früchte auf dem Speiseplan. Es gibt jedoch Hinweise, dass der Anteil an Gräsern in ihrer Nahrung höher gewesen sein könnte als bei ihren heutigen Verwandten.

Auf Tauchstation

Heutige Hirschferkel sind die Meistertaucher unter den Wiederkäuern. Einige Arten fliehen bei Gefahr ins nächste Wasserloch und tauchen unter. Dabei können sie mehrere Minuten unter Wasser bleiben. Die Fundorte vieler fossiler Hirschferkel deuten darauf hin, dass sie ebenfalls große Wasserliebhaber waren.

Schädel von *Dorcatherium naui*, Eppelsheim, Rheinhessen

MACH MIT! Welche Farben hatte ein Hirschferkel?

Es ist wahrscheinlich, dass die kleinen Hirschferkel so gefärbt waren, dass sie im Unterholz des Auwaldes gut getarnt und somit vor Fressfeinden geschützt waren. Doch völlig sicher können wir uns nicht sein, denn Haut und Fell blieben nicht erhalten. Dieses Hirschferkel darfst du so bunt anmalen, wie du möchtest!

MACH MIT!
Friss die Früchte!

Du brauchst einen Würfel und Spielfiguren! Wer erreicht zuerst die leckeren Früchte?
Wenn du in den Ur-Rhein plumpst, musst du zurück zum Start. Triffst du auf die Säbelzahnkatze musst du in die angezeigte Richtung fliehen!

ZIEL

GRÜNZEUG

PFLANZEN AM UR-RHEIN

Der Auwald am Ur-Rhein mit seiner dichten und vielfältigen Vegetation bot vielen Pflanzenfressern eine reichhaltige und zuverlässige Nahrungsgrundlage.

Doch welche Pflanzen wuchsen am Ur-Rhein? Die hier gezeigten Pflanzenfossilien aus einer Sandgrube bei Sprendlingen geben uns Antworten. Normalerweise bleiben zarte Pflanzenreste in sandigen Flussablagerungen nicht erhalten. Doch in diesem Fall lagerten sich in einem Nebenarm Tone ab und betteten die zarten Blätter ein. Dieser Glücksfall liefert uns heute einen einmaligen Einblick in die Pflanzenwelt entlang der Ufer des Ur-Rheins.

Weide *(Salix)*

Prima Klima?

Im Miozän war ein weltweiter Abkühlungsprozess im Gange. Das Klima in Europa wurde kontinentaler und die Vegetationszonen verschoben sich nach Süden. Immergrüne Wälder verschwanden langsam aus Mitteleuropa. Laubabwerfende Bäume wie Birken, Buchen und Eichen, ebenso Nadelbäume wie Kiefern breiteten sich langsam aus.

So entstanden Wälder mit einer Mischung von sommer- und immergrünen Gehölzen. Auch der Auwald des Ur-Rheins war so zusammengesetzt. Trotz des Abkühlungsprozesses war das Klima in Rheinhessen damals noch wärmer und feuchter als heute. Es herrschte ein ausgeglichenes, warmgemäßigtes Klima ohne ausgeprägte Trockenperioden.

links: Ulme *(Ulmus)*,
rechts: Hainbuche *(Carpinus)*

Platane (*Platanus*)

Birke (*Betula*)

Amberbaum (*Liquidambar*)

Ahorn (*Acer*)

Zelkove (*Zelkova*)

Eiche (*Quercus*)

Buche (*Fagus*)

Wassernuss (*Trapa*)

Sumpfzypresse (*Taxodium*)

Rekonstruktion eines *Pliopitheciden* im Naturhistorischen Museum Mainz.

NÖRDLICHE AFFEN

PLIOPITHECOIDEA

Der rheinhessische Ur-Rhein ist einer der nördlichsten Punkte in Europa an dem Affen nachgewiesen wurden. Leider sind fast alle Funde seit 1945 verschollen.

KÖRPERHÖHE
ca. 1 m

NAHRUNG
Blätter und Früchte

FUN FACT
bisher wurden nur ein Knochen und ein paar Zähne gefunden

Von der Fundstelle Eppelsheim existieren noch heute zwei Funde: ein Eckzahn sowie das berühmte „Eppelsheimer Femur". Dieser Oberschenkelknochen wurde 1820 gefunden und gilt als erster Affenfund weltweit. Die genaue Zuordnung beider Fossilien ist bis heute umstritten.

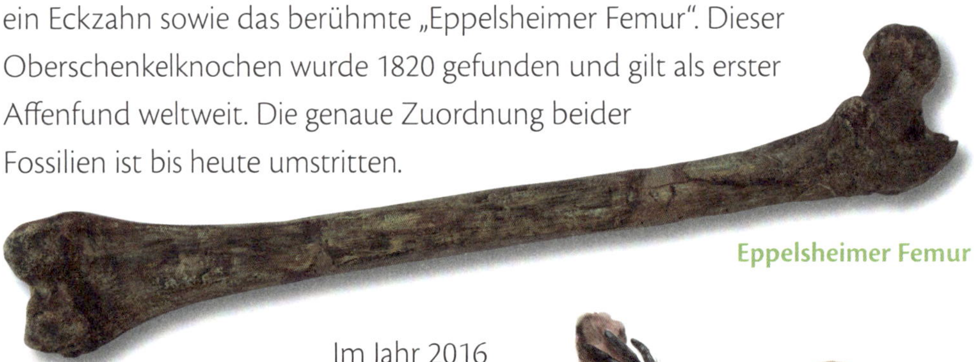

Eppelsheimer Femur

Im Jahr 2016 fand das Grabungs-Team des Naturhistorischen Museums Mainz in Eppelsheim ein weiteres Affenfossil: einen Backenzahn. Er wird der Gruppe der Pliopitheciden zugeordnet, einer ausgestorbenen Entwicklungslinie, die in Aussehen und Lebensweise heutigen Gibbons ähnelt. Es ist möglich, dass alle drei Funde von derselben Art stammen.

Wie diese Tiere genau aussahen, bleibt Spekulation. Die Rekonstruktion beruht auf der Ähnlichkeit der Fossilfunde mit heute lebenden Arten. Jeder zukünftige Fund könnte ein weiteres Puzzlestück sein, das uns mehr Klarheit verschafft. Hoffen wir, dass es nicht wieder 100 Jahre bis zum nächsten Fund dauert.

Erster oberer rechter Backenzahn, Fund aus der Grabung 2016

STAMMBAUM

Verwandtschaftliche Einordnung der Primaten vom Ur-Rhein

Rekonstruktion eines *Agnotherium* im Naturhistorischen Museum Mainz.

DER BÄRENHUND

AGNOTHERIUM ANTIQUUM

Agnotherien waren große Raubtiere, die vor rund 10–11 Millionen Jahren in Europa und Afrika lebten. Sie waren hochspezialisierte Fleischfresser und gehörten zu den Top-Jägern am Ur-Rhein.

SCHULTERHÖHE
ca. 1 m

NAHRUNG
Fleisch

FUN FACT
erst 184 Jahre nach der Erstbeschreibung (1 Zahn) wurde in Eppelsheim ein zweites Exemplar (Unterkiefer eines Jungtiers) gefunden

Ausgewachsene Tiere erreichten ein Körpergewicht von mindestens 270 kg. Vom Körperbau ähnelten sie heutigen Bären, waren aber hochbeiniger und liefen wie Hunde auf den Zehenspitzen, statt auf der Fußsohle. Der Kopf ähnelte dem eines Hundes.

Schrecken des Auwalds

Unter den Bärenhunden war *Agnotherium* ein besonders schneller und wendiger Läufer, wahrscheinlich aber nicht besonders ausdauernd. Es handelte sich vermutlich um einen Lauerjäger, der die Beute aus dem Hinterhalt angriff.

Jagdkollegen

Bärenhunde teilten sich den Lebensraum mit den etwas kleineren und schlankeren Säbelzahnkatzen.

Die Säbelzahnkatze *Machairodus aphanistus* erreichte die Größe heutiger Löwen und besaß lange obere Eckzähne, die seitlich abgeflacht waren. Ob die agilen Tiere die Zähne nutzten, um mit einem gezielten Biss Kehle und Hauptschlagader ihrer Beute zu durchtrennen, oder ob sie damit die derbe Haut erlegter Beute aufschlitzten, bleibt Spekulation.

Daneben gab es allerhand weitere Fleischfresser, wie Marder, Otter, Katzenbären, Hyänen und Bären. Besonders wertvoll sind jedoch die Fossilien der kleinen unscheinbaren Jäger. Zu ihnen gehören Insektenfresser, wie Spitzmäuse und Maulwürfe. Der Nachweis ihrer winzigen, sehr fragilen Knochen ist eine absolute Rarität.

Waldspitzmaus
Crusafontina kormosi
Oberkiefer-Fragment

Maulwurf
Talpa vallesensis
Oberarm-Fragment

Diese linke Unterkieferhälfte mit Zähnen wurde 2017 bei der wissenschaftlichen Grabung des Naturhistorischen Museum Mainz in Eppelsheim gefunden. Der Fund ist einmalig und von besonderer Bedeutung, da er von einem Jungtier stammt und erstmals Hinweise auf die Indiviudalentwicklung von *Agnotherium* liefert. Bislang waren nur Fossilreste ausgewachsener Tiere bekannt.

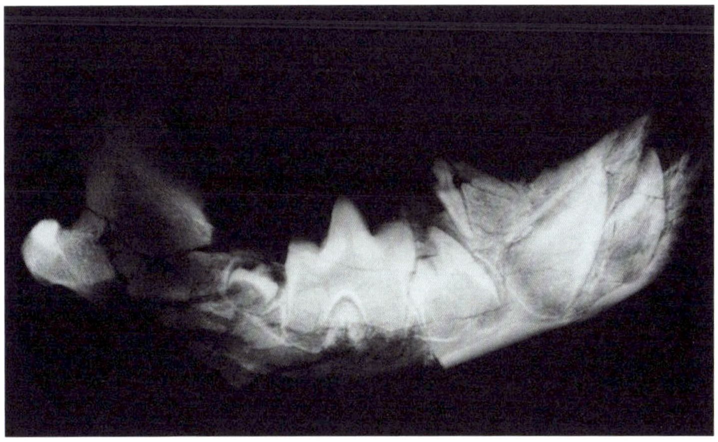

Im Röntgenbild sind die bleibenden Zähne zu erkennen, die kurz vor dem Durchbruch standen. Auf der Basis dieses Fundes wurde die Rekonstruktion des Welpen vorgenommen.

Rekonstruktion eines *Chalicotherium* im Naturhistorischen Museum Mainz

DAS KRALLENTIER

CHALICOTHERIUM GOLDFUSSI

Heute existiert weltweit kein Tier mehr, das dem Krallentier (*Chalicotherium goldfussi*) ähnelt. Seine nächsten uns bekannten Verwandten sind Tapire und Nashörner.

Krallentiere lebten wahrscheinlich als Einzelgänger oder in kleinen Gruppen und fraßen gerne Blätter, Früchte und kleine Zweige. Mit den langen Armen und kräftigen Krallen zogen die Tiere belaubte Äste herunter, um sie abzuäsen.

Auf die Hinterbeine aufgerichtet, konnten sie sehr hohe Äste erreichen. Erwachsene Tiere besaßen reduzierte Schneide- und Eckzähne, sie rupften die Blätter mit den Lippen ab.

KÖRPERHÖHE
bis zu 2,60 m

NAHRUNG
Blätter, Früchte, Zweige

FUN FACT
ein Huftier mit Krallen

Wehrhafte Vegetarier

Die Krallen dienten wohl auch als Verteidigungswaffen, denn mit den langen Vorder- und kurzen Hinterbeinen waren die Tiere sicher keine schnellen Läufer. Sie bewegten sich wahrscheinlich, ähnlich unseren heutigen Gorillas, im Knöchelgang fort. Dabei waren die langen Krallen zu den Handgelenken hin eingeklappt.

Krallentier
Chalicotherium goldfussi
Backenzähne

MACH MIT!
Finde die versteckten Wörter!

Bilde aus den übrig gebliebenen Buchstaben das Lösungswort.

AFFE
BIBER
HONIGDACHS
KRALLENTIER
MUSCHEL
SCHILDKROETE
SCHWEIN
TAPIR
URPFERD
WEIDE
BAERENHUND
HAUERELEFANT
KATZENBAER
MARDER
NASHORN
SCHNECKE
SPITZMAUS
ULME
WALDANTILOPE

S	U	A	M	Z	T	I	P	S	H	K	W
E	E	M	U	S	C	H	E	L	O	R	A
K	M	A	R	D	E	R	K	L	N	A	L
C	L	U	U	E	F	F	A	U	I	L	D
E	U	L	R	I	P	A	T	R	G	L	A
N	B	W	E	I	D	E	Z	P	D	E	N
H	A	U	E	R	E	L	E	F	A	N	T
C	N	R	O	H	S	A	N	E	C	T	I
S	A	F	R	E	B	I	B	R	H	I	L
S	C	H	W	E	I	N	A	D	S	E	O
D	N	U	H	N	E	R	E	A	B	R	P
S	C	H	I	L	D	K	R	O	E	T	E

Alle diese Tiere und Pflanzen gab es am Ur-Rhein!

Lieblingsspeise des Krallentiers:

____

ES WAR AN EINEM TAG IM MIOZÄN …

… als dort, wo heute Mainz liegt, Morgennebel im Zwielicht des Urwaldes hängt. Aus dem Blätterdach fallen Tropfen ins modrige Laub, unter dem Spitzmäuse leise raschelnd ihren Weg suchen. Vogelrufe schallen durch die warme Luft und durchbrechen das leise Murmeln des Flusses, der sich durch das breite Tal windet.

Aus dem Wald kommen im Laufe des Tages allerhand Tiere an die Ufer des Flusses, um zu trinken, sich abzukühlen oder ausgiebig zu baden. Zudem sind die Pflanzen am Wasser zart und schmackhaft. Antilopen, Tapire und Nashörner sind tägliche Gäste.

Auch eine Herde kleiner Urpferde kommt ans Ufer. Mit ihren dreizehigen Füßen finden sie am matschigen Boden guten Halt. Die Tiere sind wachsam, denn Säbelzahnkatzen und Bärenhunde haben hier ihr Revier. Doch den Jäger, der oberhalb im Geäst lauert, entdecken sie nicht. Zu ihrem Glück ist der Katzenbär auf kleinere Beute aus.

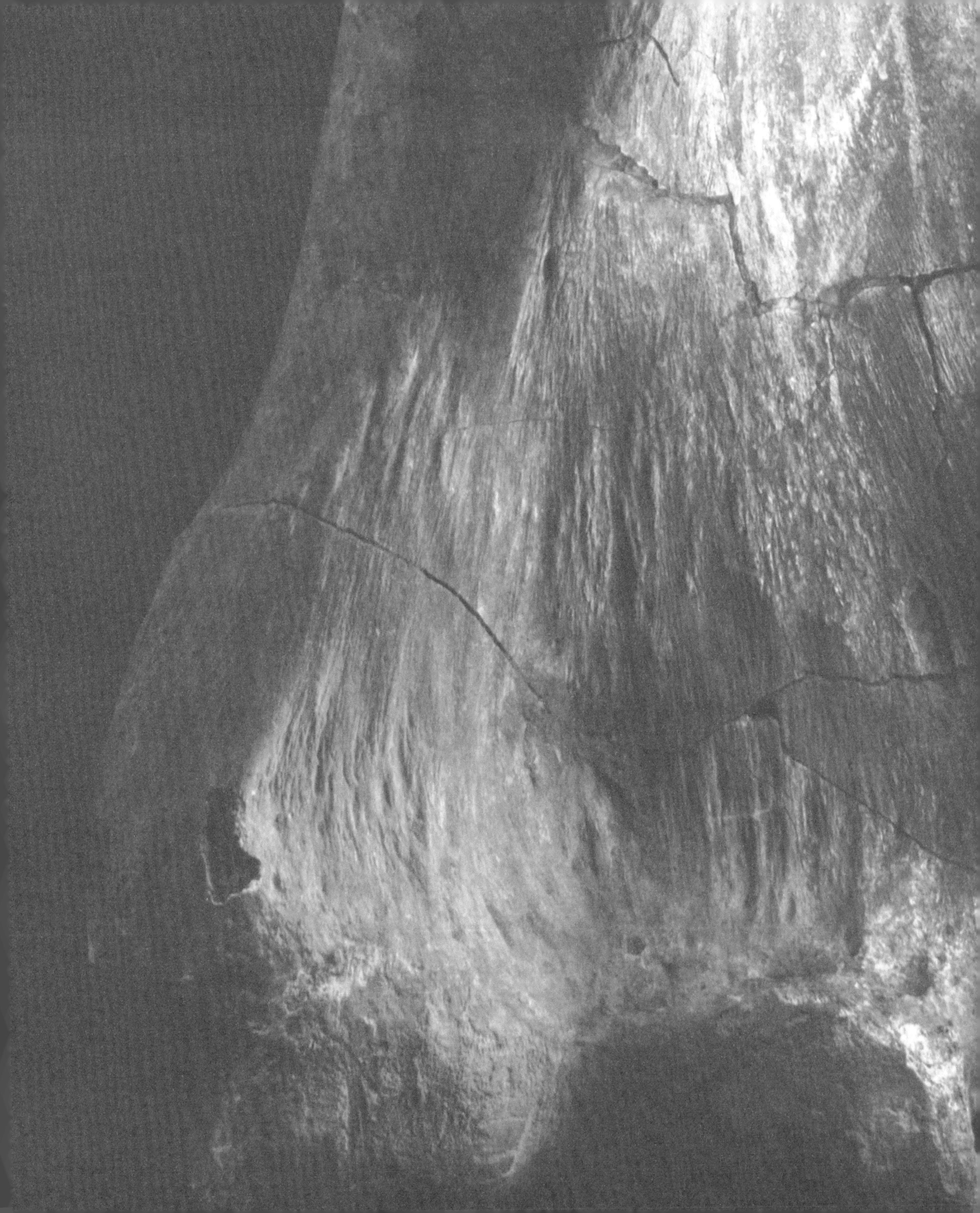

HYÄNEN

IN DER KÄLTESTEPPE

Zeitalter

PLEISTOZÄN

2,6 MILLIONEN JAHRE – 0,0117 MILLIONEN JAHRE

GEOGRAPHISCHE LAGE & HAUPTFUNDGEBIETE IN RHEINLAND-PFALZ

KLIMA

Innerhalb der letzten Million Jahre schwankte unser Klima immer wieder zwischen Kalt- und Warmzeiten. Diese Wechsel sind typisch für Eiszeitalter.

In Kaltzeiten zogen Wollnashörner und Mammute zusammen mit großen Herden von Rindern und Pferden durch nahrhafte krautige Kältesteppen. In Warmzeiten war unsere Region von ausgedehnten Mischwäldern bedeckt. Wasserbüffel und Flusspferde badeten im Ur-Rhein.

Manche Raubtiere, wie Hyänen, Löwen, Bären oder Wölfe, konnten wegen ihres breiten Beutespektrums in beiden Klimaextremen leben.

Aktuell wird das Klima weltweit wärmer. Der Mensch verstärkt und beschleunigt diesen natürlichen Prozess auf eine nie dagewesene Art. Die zunehmend rasante Erwärmung, die seit 200 Jahren zu verzeichnen ist, wird drastische Folgen haben.

DAS WOLLNASHORN

COELODONTA ANTIQUITATIS

In den Kaltzeiten des Eiszeitalters prägten weite Kältesteppen die Landschaft. Der auf den ersten Blick karg wirkende Bewuchs war für die Pflanzenfresser jedoch ausreichend nahrhaft.

Zu den Tieren, die mit der eisigen Kälte zurechtkamen, gehörten die Wollnashörner. Sie ernährten sich hauptsächlich von Gräsern und Seggen. Auf ihrem Speiseplan standen aber zum Beispiel auch Korbblütler, Wollgras, Weiden und Erlen. Mit ihren langen Nasenhörner „fegten" sie über den Boden, um Pflanzen freizulegen. Dieses wird durch Fossilfunde bestätigt, bei denen die Unterseite des Horns abgeschliffen ist. Daneben war das Horn sicherlich wie bei heutigen Nashörnern eine gefährliche Waffe. Die eiszeitlichen Nashörner bevorzugten als Lebensraum die Flussniederungen und Ebenen.

Wollnashorn
Coelodonta antiquitatis
Schädel

KÖRPERHÖHE
bis 1,70 m

NAHRUNG
Gräser

FUN FACT
durch Eismumien aus dem Permafrost Russlands wissen wir: das Wollnashorn hatte ein rotbraunes Fell.

Bild links:
Rekonstruktion eines Wollnashorns
Coelodonta antiquitatis
im Naturhistorischen Museum.

Bodenfrost und Hitzewellen

Die Erde war im Laufe ihrer Geschichte meist ein eisfreier Planet. Eiszeitalter sind Abschnitte in der Erdgeschichte, in denen mindestens ein Pol vereist ist. Vor rund 30 Millionen Jahren begann ein weltweiter Abkühlungsprozess. Das bislang letzte Eiszeitalter setzte mit der Vereisung beider Pole vor rund 2,6 Millionen Jahre ein und hält bis heute an.

Innerhalb eines Eiszeitalters wechseln sich längere Kaltzeiten und kürzere Warmzeiten ab. Dabei variiert die Ausdehnung der Eisschilde stark. In Kaltzeiten können sie bis nach Mitteleuropa reichen. In Warmzeiten, wie wir gerade eine durchleben, ziehen sich die Gletscher bis auf die Polregionen und in die Hochgebirge zurück.

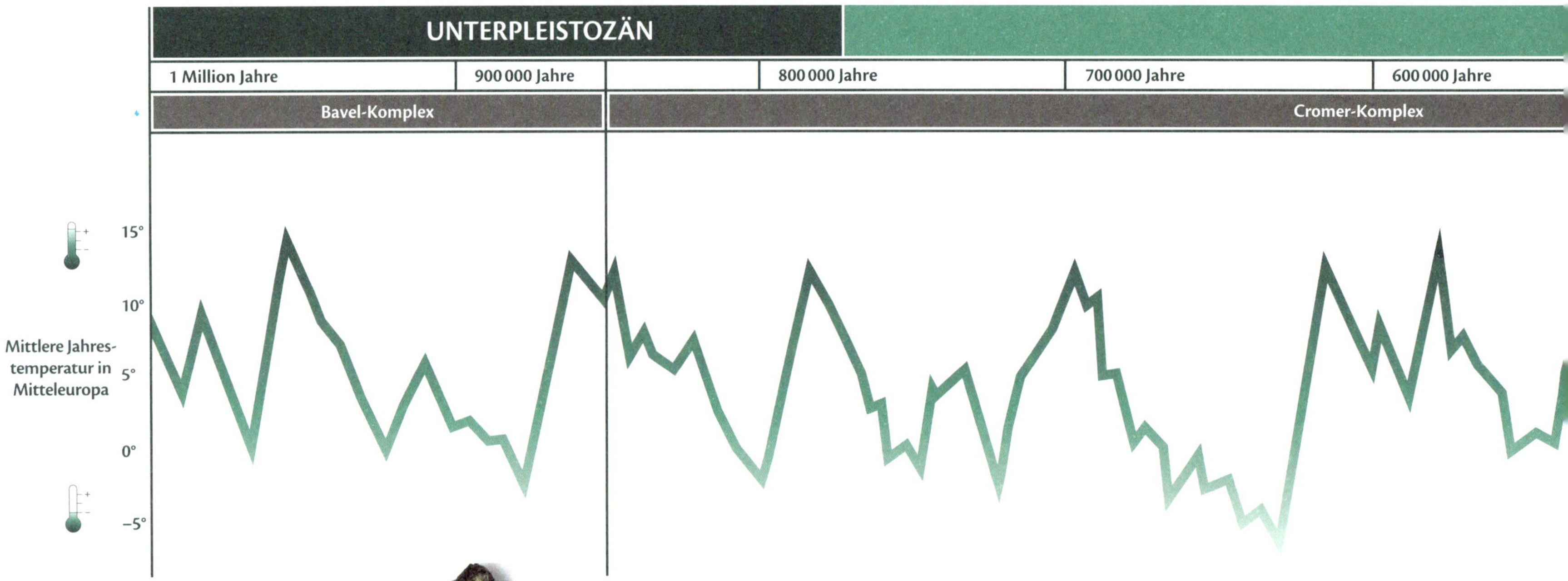

Südmammut
Mammuthus meridionalis
Backenzahn

Stein-Werkzeuge
Hersteller: *Homo erectus*

Breitstirnelch
Cervalces latifrons
Unterkiefer

Neandertaler
Homo neanderthalensis
Schädeldach (Abguss)

Stichel
Hersteller: *Homo sapiens*

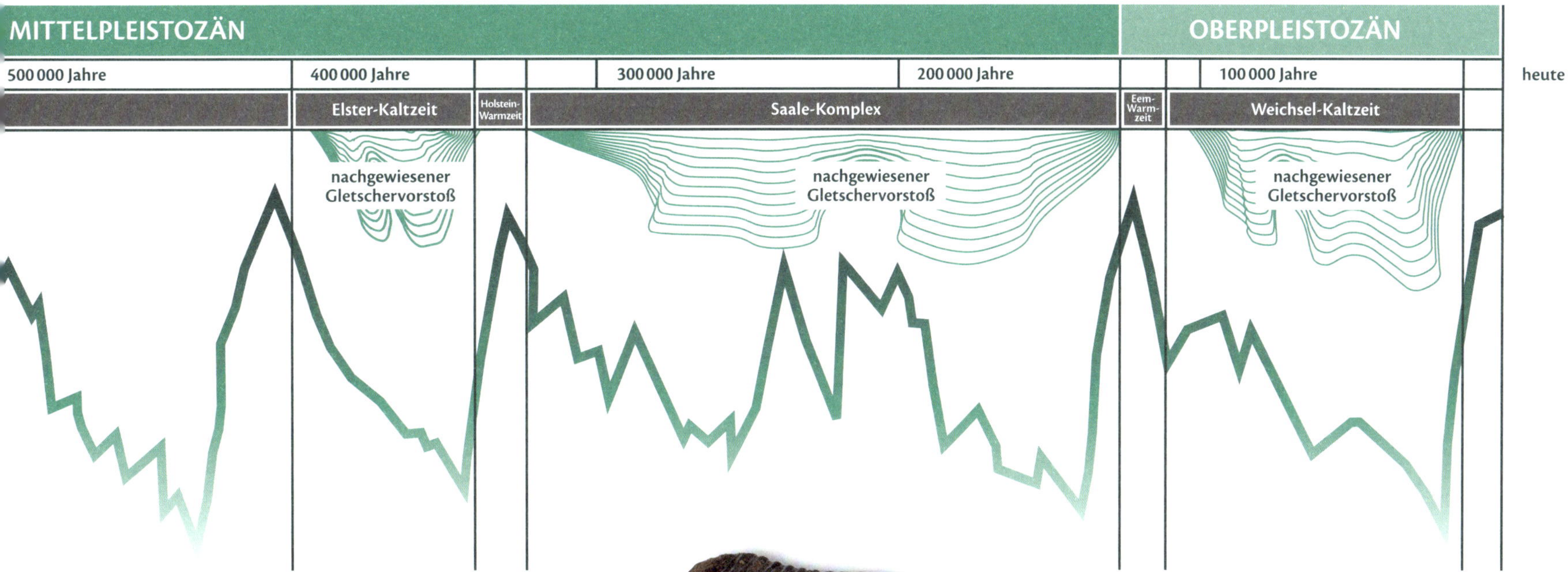

Mosbacher Pferd
Equus mosbachensis
Vorderfuß

Wollhaarmammut
Mammuthus primigenius
Backenzahn

Wollhaarmammut
Mammuthus primigenius
Stoßzahn, Quer- und Längsschnitt

DER WASSERBÜFFEL

BUBALUS MURRENSIS

In den Warmzeiten des Eiszeitalters lebten Wasserbüffel im Rheintal. Die Tiere benötigten warme Sommer und milde Winter und hatten damit ähnliche Ansprüche an das Klima wie Flusspferde. Beide Arten wurden auch gemeinsam in den Rheinschottern bei Mainz als Fossilien gefunden.

Die Skelette der europäischen Wasserbüffel sind kaum von den anderen großen eiszeitlichen Rindern, wie Auerochsen und Bisons zu unterscheiden. Lediglich der Schädel weist ein deutliches Erkennungsmerkmal auf, denn Wasserbüffel haben charakteristische nach hinten gerichtete Hörner mit dreieckigem Querschnitt. Mit ihrer Hilfe konnten sich die kräftigen Tiere wohl auch gegen größere Fleischfresser wie Hyänen, Wölfe oder Bären gut behaupten.

KÖRPERHÖHE
1,70 m

NAHRUNG
Pflanzen

FUN FACT
ein Eiszeittier, das es gerne warm hatte

Dermoplastik eines heutigen Wasserbüffels mit rekonstruiertem Gehörn von *Bubalus murrensis* im Naturhistorischen Museum Mainz

Wasserbüffel
Bubalus murrensis

Flusspferd
Hippopotamus antiquus

DIE HÖHLENHYÄNE

CROCUTA CROCUTA PRAESPELEA

Hyänen sind als Fleischfresser nicht sehr wählerisch bei der Nahrungsbeschaffung. Sie sind gute Jäger, die größere Beute zur Strecke bringen können, aber auch Aas wird nicht verschmäht.

Je nachdem, ob gerade eine Kalt- oder Warmzeit herrscht, wechselt auch die Tierwelt in einem Gebiet. Raubtiere, wie die Höhlenhyäne konnten jedoch aufgrund ihres breiten Beutespektrums in beiden Klimaextremen leben. Höhlenhyänen lebten nicht dauerhaft in Höhlen, sondern nutzten diese gelegentlich als Rückzugsort. Hierhin verschleppten sie Knochen, um sie in Ruhe zu knacken und so an das fette Knochenmark zu gelangen.

SCHULTERHÖHE
ca. 1 m

NAHRUNG
Fleisch

FUN FACT
gejagte Jäger – Knochenfunde von Höhlenhyänen aus Spanien zeigen Schnittspuren von menschlichen Werkzeugen

Flexible Beutegreifer

Während viele Tierarten nur in Warm- oder Kaltzeiten aus ihren eigentlichen Kerngebieten bei uns einwanderten, waren zahlreiche Raubtiere dauerhaft vor Ort.

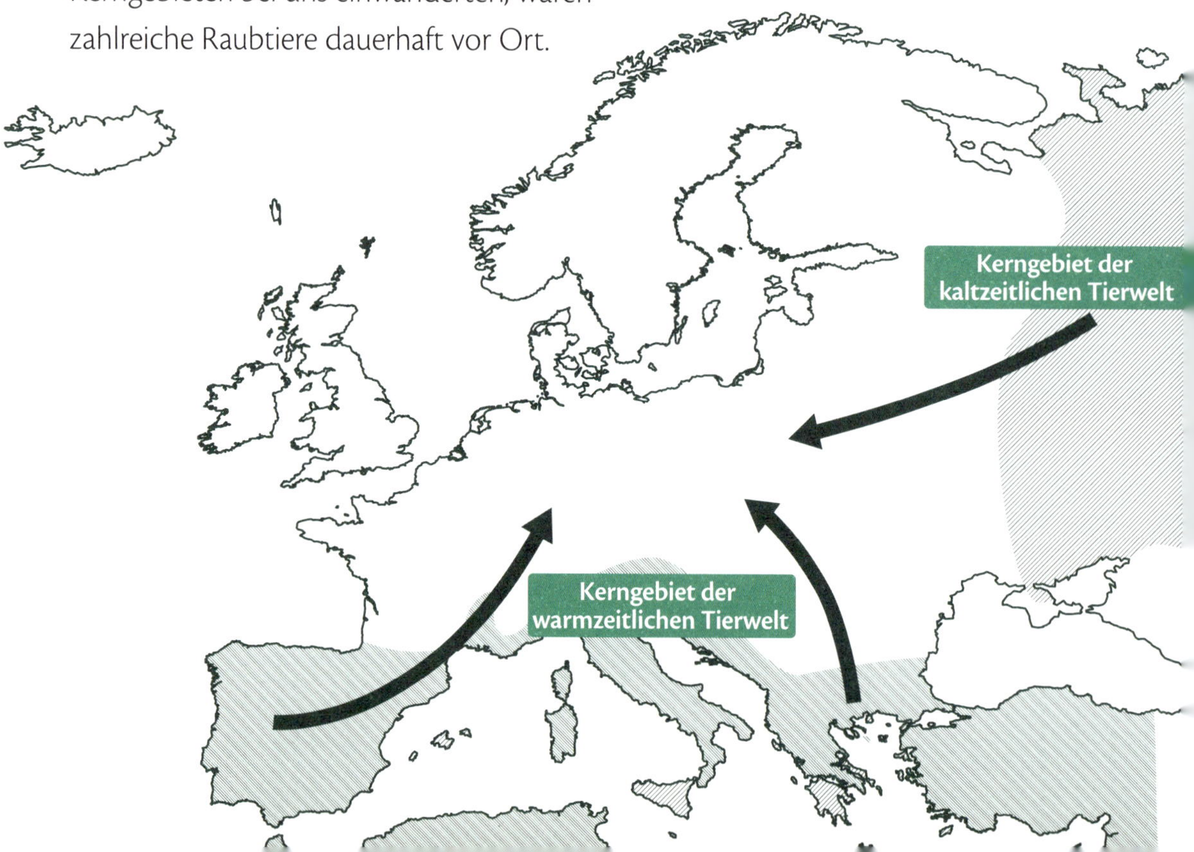

Höhlenbär
Ursus spelaeus

Jaguar
Panthera onca
oben: Oberkiefer
unten: Unterkiefer

Höhlenhyäne
Crocuta crocuta praespelea

Dermoplastik einer Tüpfelhyäne (*Crocuta crocuta*) im Naturhistorischen Museum Mainz

Die eiszeitliche Höhlenhyäne (*Crocuta crocuta praespelea*) war eine Unterart der heute noch existierenden Tüpfelhyäne. Die Tiere ähnelten sich stark in Körperbau und Größe. Ob die Fellfärbung identisch war, ist nicht belegt.

Feinarbeiten am Kopf

WIE KOMMT DAS WOLLNASHORN ZU SEINER FRISUR?

Von ausgestorbenen Wirbeltieren sind meist nur die Knochen übrig geblieben. Und sehr oft ist das Skelett unvollständig und die Knochen liegen verstreut vor.

Um sich trotzdem eine Vorstellung davon machen zu können, wie ein solches Tier einmal lebendig ausgesehen haben mag, muss es rekonstruiert werden. Hierzu nimmt man heutige Tiere als Vorbild, die ähnlich gebaut sind. So fällt es leichter die Knochen richtig zusammen zu bekommen, und fehlende Knochen können ergänzt werden. Die Muskulatur wird mit Hilfe des heutigen Vorbilds und anhand von am Knochen erkennbaren Muskelansatzstellen rekonstruiert. Bezüglich der Körperbedeckung ist man meist ganz auf das Vergleichstier angewiesen, denn selten sind Hautabdrücke erhalten geblieben oder gar konservierte Haut. Oft ist daher bei der Rekonstruktion von Gestalt und Farbe der Körperbedeckung etwas Fantasie gefordert.

Der frisch gefräste Styroporkern des Models

Im Fall des Wollnashornmodells im Naturhistorischen Museums Mainz war das etwas einfacher, denn von diesen Eiszeitbewohnern gibt es komplette Exemplare, die buchstäblich mit Haut und Haaren im sibirischen Permafrostboden eingefroren waren, so dass sogar die Farbe des Fells überliefert ist. Zusammen mit den Kenntnissen von heutigen Nashörnern ergibt sich somit ein detailreiches Bild von den Tieren. Um nun auf dieser Grundlage ein lebensecht wirkendes Modell zu bauen, benötigt man zudem viel technisches Know-how, handwerkliches Geschick und künstlerisches Talent. Für die eigentliche Fertigung gibt es unterschiedliche Verfahren die von den jeweiligen Modellbauern bevorzugt werden.

Bei unserem Wollnashorn ging der katalonische Paläokünstler Ramon López auf eine ganz bestimmte Weise vor. Am Anfang stand ein detailliert ausgearbeitetes verkleinertes Modell aus Knetmasse, das nach seiner Fertigstellung 3-D gescannt wurde. Mit diesen Daten konnte nun mit Hilfe einer computergesteuerten Fräse ein lebensgroßer Körper aus Styropor gefertigt werden, aus dessen Oberfläche anschließend Glasfasermatten und Vinylesterharz aufgebracht worden sind. Der Kopf wurde noch einmal separat gefertigt, indem er zunächst in voller Größe aus Knetmasse modelliert, und dann von ihm ein Abguss erstellt wurde. Nachdem Kopf und Rumpf grundiert und zusammengesetzt waren, ging es ans kolorieren und an das Aufbringen des Fells, bestehend aus Kunsthaaren und echten Rosshaaren. Zu guter Letzt musste das Fell des Wollnashorns noch aufwendig mit Kamm und Föhn frisiert und mit viel Haarspray in Form gebracht werden.

Das Fell wird aufgebracht

Das Wollnashorn wird frisiert

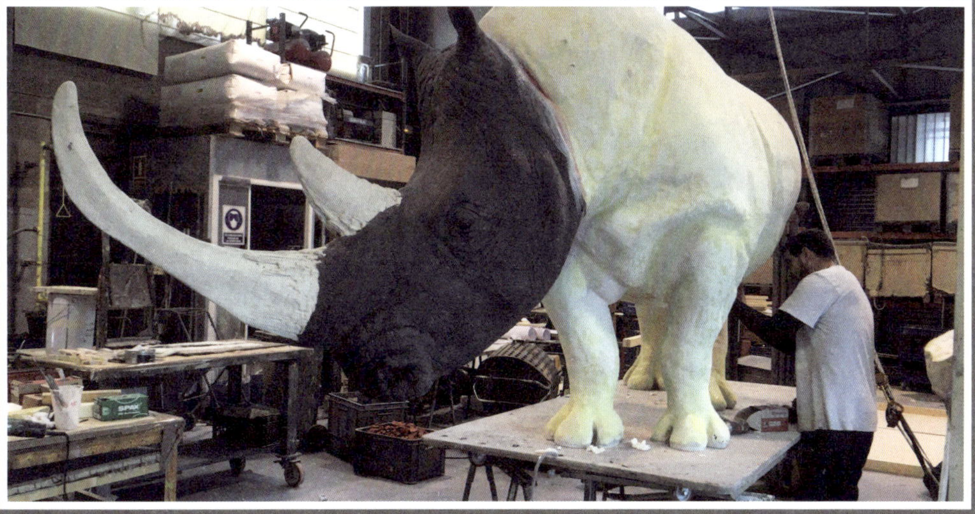

Kopf und Rumpf wieder vereint

DAS STEPPENMAMMUT

MAMMUTHUS TROGONTHERII

Das Steppenmammut gilt als Nachfahre des Südmammuts und Vorfahre des Wollhaarmammuts.

Während das Wollhaarmammut nicht größer als ein heutiger Elefant war, kann beim Steppenmammut tatsächlich von einer mammuthaften Größe gesprochen werden. Mit bis zu 5 m Schulterhöhe und Stoßzähnen, die eine Länge von 5 m erreichen konnten, gehören Steppenmammute zu den größten Rüsseltieren aller Zeiten. Im Zeitraum vor 900.000 bis 400.000 Jahren durchstreiften sie das Rheintal.

SCHULTERHÖHE
bis zu 5 m

NAHRUNG
Gräser

FUN FACT
hatte mehr Muskeln im Rüssel als ein Mensch im ganzen Körper

Steppenmammut *Mammuthus trogontherii* Teilskelett, das aus mehreren Funden zusammengesetzt wurde.

Steppenmammut
Mammuthus trogontherii
Größter jemals gefundener Oberarm eines Rüsseltiers

Die Zähne des Steppenmammuts bildeten große raue Flächen, zwischen denen die Nahrung zerrieben wurde. Damit konnten die Tiere auch harte Gräser zerkauen.

MACH MIT!
Zeichne das Steppenmammut mit Hilfe der Kästchen ab!

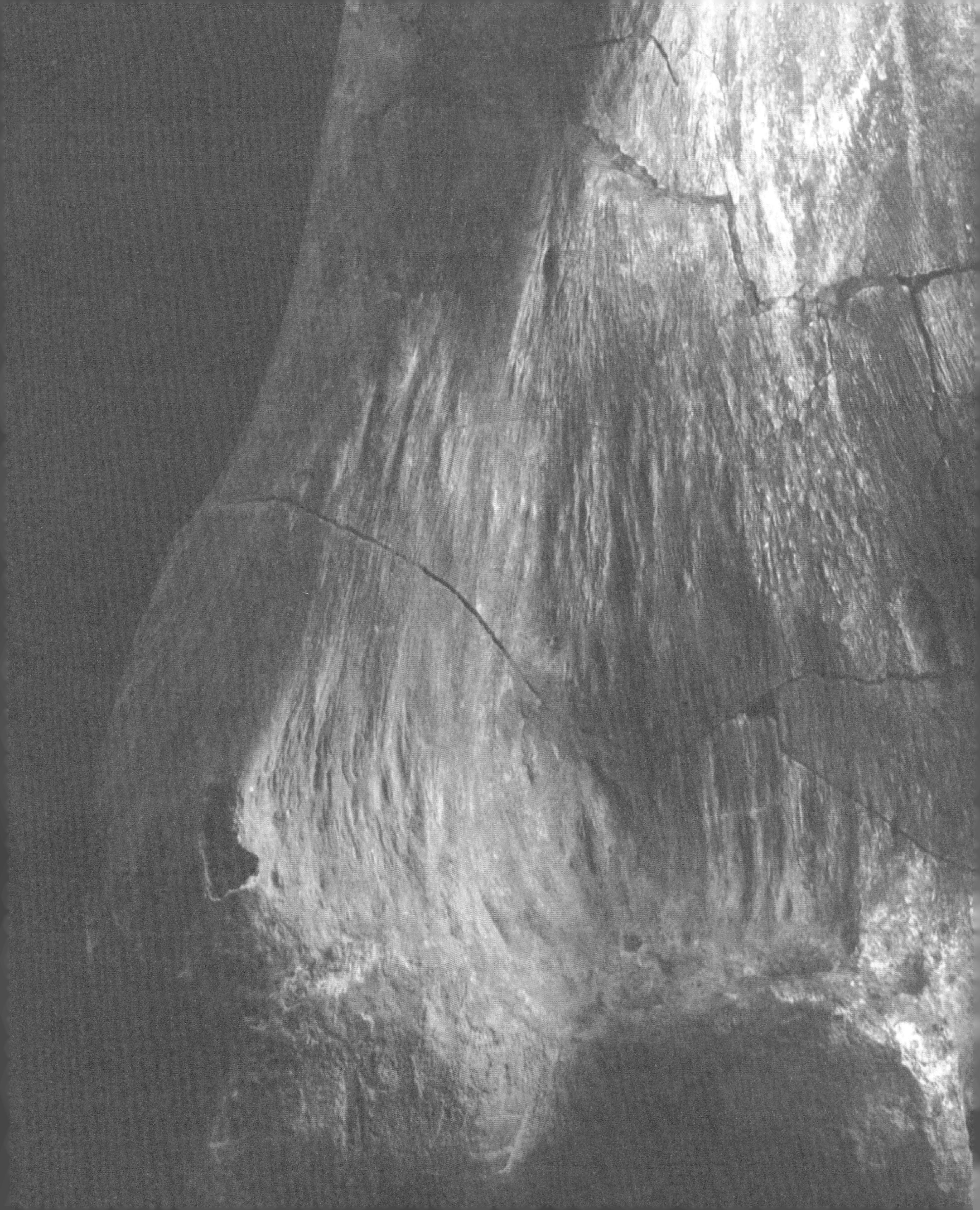

ES WAR AN EINEM TAG IM PLEISTOZÄN …

… als dort, wo heute Mainz liegt, Wollnashörner über die Steppe ziehen und die niedrigen Pflanzen abweiden. Sie sind die ersten Vorboten der großen Herden, die wieder auf dem Weg zu ihren Sommerweiden im Norden sind. Es kann nicht mehr lange dauern, dann wird die Steppe erwachen und sich aus ihrer eisigen Umarmung befreien. Der Frühling beginnt. Heute sind es nur –25°C.

Wenn nur die beißenden Winde nicht wären, die seit Wochen mit unverminderter Gewalt über die Steppe fegen. Hoch im Norden, auf dem gewaltigen Eisschild, brauen sich die Stürme zusammen. Auf ihrem Weg nach Süden verlieren sie über dem Eis fast all ihre Feuchtigkeit. An der Eiskante angekommen, stürzen sie hunderte Meter in die Tiefe und verwandeln sich dabei in tobende Orkane, die tief ins Land ziehen. Sie sind so trocken, dass sie kaum Schnee bringen. So ist die Steppe auch im Winter meist frei von Eis und die Vegetation bleibt zugänglich.

Doch der andauernde Sturm zerrt an den Nerven. Die Nashörner sind nervös und gereizt. Oder ist es die Vorahnung auf die nahenden Jäger, die die großen Herden begleiten?

NATURHISTORISCHES MUSEUM MAINZ

Wilde Welten

nhm

Kommt uns doch mal besuchen!

www.mainz.de/nhm

HERAUSGEBER

Das Naturhistorische Museum Mainz ist das größte naturkundliche Museum in Rheinland-Pfalz und beherbergt die Landessammlung für Naturkunde. Es befindet sich im ehemaligen Reichklara-Kloster (erbaut 1272) im Herzen von Mainz. Große Teile der Ausstellungen wurden 2019 komplett erneuert und zeigen einzigartige Stücke. Die umfangreichen Sammlungen werden international für Forschungsprojekte genutzt, zudem führt das Museum eigene Forschungsgrabungen durch.

AUTOR*INNEN

Nicole Fischer studierte Anthropologie an der Johannes Gutenberg-Universität in Mainz. Nebenher arbeitete sie international im Veranstaltungsmanagement und absolvierte nach dem Studium ein wissenschaftliches Volontariat mit den Schwerpunkten Ausstellung und Vermittlung. Seit 2014 leitet sie die Abteilung Bildung und Vermittlung im Naturhistorischen Museum Mainz, wo sie seit 2019 auch Vize-Direktorin ist.

Manuela Aiglstorfer studierte Geologie/Paläontologie an der Ludwig-Maximilians-Universität München. Nach ihrer Promotion an der Eberhard Karls Universität Tübingen arbeitete sie zunächst als wissenschaftliche Volontärin im Bereich Öffentlichkeitsarbeit, und im Anschluss als wissenschaftliche Mitarbeiterin in der Paläontologie am Staatlichen Museum für Naturkunde in Stuttgart. Seit Ende 2019 leitet sie die Abteilung Forschung und Sammlung am Naturhistorischen Museum Mainz. Sie ist Säugetierpaläontologin und zu ihren Forschungsschwerpunkten zählen pflanzenfressende Großsäuger aus der Miozänzeit.

Bernd Herkner studierte Biologie, Paläontologie und Anthropologie an der Johann Wolfgang Goethe-Universität in Frankfurt, wo er promoviert wurde und später auch mehrere Jahre Wirbeltierpaläontologie unterrichtete. Er leitete von 2006 bis 2019 die Abteilung Museum im Senckenberg Forschungsinstitut und Naturmuseum Frankfurt. Seit Juni 2019 ist er Direktor am Naturhistorischen Museum Mainz. Zu seinen wissenschaftlichen Arbeitsschwerpunkten gehört die Rekonstruktion von Fortbewegungsweisen fossiler Wirbeltiere.